安徽省高等学校"十三五"省级规划教材

对口招生大学系列
规划教材

工程应用数学
（二）
线性代数

U0241118

主　编◎盛兴平

副主编◎辛大伟　王　颖　鲍宏伟

编　委◎（按姓氏笔画排序）

　　　　王　颖　辛大伟　盛兴平

　　　　谢　清　鲍宏伟

北京师范大学出版集团
BEIJING NORMAL UNIVERSITY PUBLISHING GROUP
安徽大学出版社

图书在版编目(CIP)数据

工程应用数学.二,线性代数/盛兴平主编.—合肥:安徽大学出版社,2019.4
对口招生大学系列规划教材
ISBN 978-7-5664-1818-0

Ⅰ.①工… Ⅱ.①盛… Ⅲ.①工程数学－高等学校－教材②线性代数－高等学校－教材 Ⅳ.①TB11②O151.2

中国版本图书馆 CIP 数据核字(2019)第 064565 号

工程应用数学(二) 线性代数

盛兴平 主编

出版发行:	北京师范大学出版集团 安 徽 大 学 出 版 社 (安徽省合肥市肥西路 3 号 邮编 230039) www. bnupg. com. cn www. ahupress. com. cn	
印　　刷:	合肥远东印务有限责任公司	
经　　销:	全国新华书店	
开　　本:	170mm×240mm	
印　　张:	10	
字　　数:	195 千字	
版　　次:	2019 年 4 月第 1 版	
印　　次:	2019 年 4 月第 1 次印刷	
定　　价:	29.00 元	

ISBN 978-7-5664-1818-0

策划编辑:刘中飞　杨　洁　张明举　　　　装帧设计:李　军
责任编辑:张明举　　　　　　　　　　　　美术编辑:李　军
责任印制:赵明炎

编审委员会名单

（按姓氏笔画排序）

王圣祥（滁州学院）

王家正（合肥师范学院）

叶　飞（铜陵学院）

宁　群（宿州学院）

刘谢进（淮南师范学院）

余宏杰（安徽科技学院）

吴正飞（淮南师范学院）

张　海（安庆师范大学）

张　霞（合肥学院）

汪宏健（黄山学院）

周本达（皖西学院）

赵开斌（巢湖学院）

梅　红（蚌埠学院）

盛兴平（阜阳师范大学）

董　毅（蚌埠学院）

谢广臣（蒙城建筑工业学校）

谢宝陵（安徽文达信息工程学院）

潘杨友（池州学院）

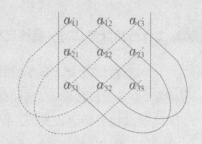

总　序

　　2014 年 6 月，国务院印发《国务院关于加快发展现代职业教育的决定》，提出引导一批普通本科高校向应用技术型高校转型，并明确了地方院校要"重点举办本科职业教育"．2019 年中共中央、国务院印发《中国教育现代化 2035》，明确提出推进中等职业教育和普通高中教育协调发展，持续推动地方本科高等学校转型发展．地方本科院校转型发展，培养应用型人才，是国家对高等教育做出的战略调整，是我国本世纪中叶以前完成优良人力资源积累并实现跨越式发展的重大举措．

　　安徽省应用型本科高校面向中职毕业生对口招生已经实施多年．在培养对口招生本科生过程中，各高校普遍感到这类学生具有明显不同于普高生的特点，学校必须改革原有的针对普高生的培养模式，特别是课程体系．2017 年 12 月，由安徽省教育厅指导、安徽省应用型本科高校联盟主办的对口招生专业通识教育课程教学改革研讨会在安徽科技学院举行，会议围绕对口招生专业大学英语、高等数学课程教学改革、课程标准研制、教材建设等议题，开展专题报告和深入研讨．会议决定，由安徽科技学院、宿州学院牵头，联盟各高校协作，研制出台对口招生专业高等数学课程标准，且组织对口招生专业高等数学课程教材的编写工作，并成立对口招生专业高等数学教材编审委员会．

　　本套教材以大学数学教指委颁布的最新高等数学课程教学基本要求为依据,由安徽科技学院、宿州学院、巢湖学院、阜阳师范大学、蚌埠学院、黄山学院等高校教师协作编写.本套教材共 6 册,包括《工程应用数学(一) 微积分》《工程应用数学(二) 线性代数》《工程应用数学(三) 概率论与数理统计》《经济应用数学(一) 微积分》《经济应用数学(二) 线性代数》和《经济应用数学(三) 概率论与数理统计》.2018 年,本套教材通过安徽省应用型本科高校联盟对口招生专业高等数学教材编审委员会的立项与审定,且被安徽省教育厅评为安徽省高等学校"十三五"省级规划教材(项目名称:应用数学,项目编号:2017ghjc177)(皖教秘高〔2018〕43 号).

　　本套教材按照本科教学要求,参照中职数学教学知识点,注重中职教育与本科教育的良好衔接,结合对口招生本科生的基本素质、学习习惯与信息化教学趋势,编写老师充分吸收国内现有的工程类应用数学以及经济管理类应用数学教材的长处,对传统的教学内容和结构进行了整合.本套教材具有如下特色:

　　1.注重数学素养的养成.本套教材体现了几何观念与代数方法之间的联系,从具体概念抽象出公理化的方法以及严谨的逻辑推证、巧妙的归纳综合等,对于强化学生的数学训练,培养学生的逻辑推理和抽象思维能力、空间直观和想象能力,以及对数学素养的养成等方面具有重要的作用.

　　2.注重基本概念的把握.为了帮助学生理解学习,编者力求从一些比较简单的实际问题出发,引出基本概念.在教学理念上不强调严密论证与研究过程,而要求学生理解基本概念并加以应用.

　　3.注重运算能力的训练.本套教材剔除了一些单纯技巧性和难度较大的习题,配有较大比例的计算题,目的是让学生在理解基本概念的基础上掌握一些解题方法,熟悉计算过程,从而提高运算能力.

　　4.注重应用能力的培养.每章内容都有相关知识点的实际应用题,以培养学生应用数学方法解决实际问题的意识,掌握解决问题的方法,提高解决问题的能力.

　　5.注重学习兴趣的激发.例题和习题注意与专业背景相结合,增添实用性和趣味性的应用案例.每章内容后面都有相关的数学文化拓展阅读,一方面是对所学知识进行补充,另一方面是提高学生的学习兴趣.

　　本套教材适用于对口招生本科层次的学生,可以作为应用型本、专科学生的教学用书,亦可供工程技术以及经济管理人员参考选用.

　　安徽省应用型本科高校联盟 2009 年就出台了《高校联盟教学资源共建共享若干意见》,安徽省教育厅李和平厅长多次强调"要解决好课程建设与培养目标适切性问题,要加强应用型课程建设",储常连副厅长反复要求向应用型转型要落实到课程层面.这套教材的面世,是安徽省应用型本科高校联盟落实安徽省教育厅要求,深化转型发展的具体行动,也是安徽省应用型本科高校联盟的物化成果之一.

　　针对培养对口招生本科人才,编写教材还是首次尝试,不尽如意之处在所难免,但有安徽省应用型本科高校联盟的支持,有联盟高校共建共享的机制,只要联盟高校在使用中及时总结,不断完善,一定能将这套教材打造成为应用型教材的精品,在向应用型高校的转型发展、从"形似"到"神似"上,不仅讲好"安徽故事",而且拿出"安徽方案".

编审委员会
2019 年 3 月

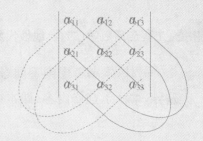

前　言

　　线性代数是大学数学必修的基础课程之一,它在自然科学、工程技术以及社会经济领域中有着广泛的应用,对培养学生的数学思维、创新精神以及利用数学知识分析问题、解决问题的能力,具有重要的作用.本书是安徽省高等学校"十三五"省级规划教材,主要适用于工程应用类对口招生本科生.

　　本书以教育部大学数学教指委公布的最新高等数学课程教学基本要求为依据,参照中职数学教学知识点,把中职教育与本科教育良好衔接起来,并结合对口生的基本素质、学习习惯与数字化媒体教学,对一些内容和结构进行了整合.

　　在本书的编写过程中,作者充分吸收国内现有的工程类线性代数教材的长处,结合对口招生本科生的实际学习情况,努力编出具有自身特色的适合工程类对口招生本科生的线性代数教材.本书主要有行列式、矩阵及其运算、矩阵的初等变换、向量组的线性相关性、线性方程组、相似矩阵与二次型等内容.每章不但有正文、习题,还配有数学家传记.本书在编写中保证知识体系完整性的同时,力求内容精练、难度降低、语言流畅、通俗易懂,在本书中所体现的几何观念与代数方法之间的联系、从具体概念抽象出来的公理化方法以及严谨的逻辑推证、巧妙的归纳综合等特色,对于强化学生的数学训练,培养学生的逻辑推理和抽象思维能力、空间直观和想象能力具有重要的作用.

另外,本书考虑到不同学校的学时差异,不同专业的学生学习需要的差异,增添了选修内容(课本中带"＊"的内容),供不同学校和不同专业学生选学.

由于编者水平有限,加之时间仓促,本教材难免有错、漏、不足之处,敬请广大读者批评指正.

编 者
2019 年 1 月

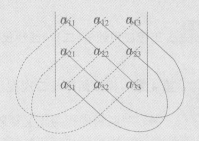

目 录

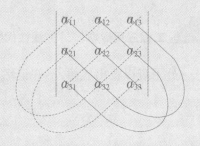

第1章　行列式

行列式是线性代数中的一个重要的基本概念,本章从二元、三元线性方程组解的讨论,引出二阶、三阶行列式的概念,然后推广到 n 阶行列式,并研究了行列式的性质与计算方法,同时还介绍了解 n 元线性方程组的 Cramer 法则.

1.1　二阶与三阶行列式

1.1.1　二阶行列式

在求解二元线性方程组

$$\begin{cases} a_{11}x_1 + a_{12}x_2 = b_1, \\ a_{21}x_1 + a_{22}x_2 = b_2 \end{cases} \tag{1.1.1}$$

时,用加减消元法可得

$$\begin{cases} (a_{11}a_{22} - a_{12}a_{21})x_1 = b_1 a_{22} - b_2 a_{12}, \\ (a_{11}a_{22} - a_{12}a_{21})x_2 = b_2 a_{11} - b_1 a_{21}, \end{cases} \tag{1.1.2}$$

当 $a_{11}a_{22} - a_{12}a_{21} \neq 0$ 时,方程组(1.1.1)有唯一解

$$\begin{cases} x_1 = \dfrac{b_1 a_{22} - b_2 a_{12}}{a_{11}a_{22} - a_{12}a_{21}}, \\ x_2 = \dfrac{b_2 a_{11} - b_1 a_{21}}{a_{11}a_{22} - a_{12}a_{21}}, \end{cases} \tag{1.1.3}$$

式(1.1.3)中的分子、分母都是四个数分别对应相乘再相减而得,其中分母 $a_{11}a_{22} - a_{12}a_{21}$ 是由方程组(1.1.1)的四个系数确定,但

分子难以找出规律,不好记忆,为此引入如下记号

$$D = \begin{vmatrix} a_{11} & a_{12} \\ a_{21} & a_{22} \end{vmatrix} = a_{11}a_{22} - a_{12}a_{21}. \tag{1.1.4}$$

符号 $\begin{vmatrix} a_{11} & a_{12} \\ a_{21} & a_{22} \end{vmatrix}$ 称为**二阶行列式**,其中数

$$\begin{vmatrix} a_{11} & a_{12} \\ a_{21} & a_{22} \end{vmatrix} = a_{11}a_{22} - a_{12}a_{21}$$

图 1.1.1

$a_{ij}(i=1,2;j=1,2)$ 称为该行列式的元素,每个横排称为行列式的行,每个竖排称为行列式的列. 元素 a_{ij} 的第 1 个下标 i 表示该元素位于第 i 行,第 2 个下标 j 表示该元素位于第 j 列.

注意:上述二阶行列式的定义,可以利用对角线法则来记忆,如图 1.1.1,把从 a_{11} 到 a_{22} 的实连线称为主对角线,把从 a_{12} 到 a_{21} 的虚连线称为副对角线,于是二阶行列式就是两个主对角线元素乘积减去两副对角线元素乘积.

利用二阶行列式的定义可把式(1.1.3)中两个分子改写为

$$D_1 = \begin{vmatrix} b_1 & a_{12} \\ b_2 & a_{22} \end{vmatrix} = b_1 a_{22} - b_2 a_{12}, \quad D_2 = \begin{vmatrix} a_{11} & b_1 \\ a_{21} & b_2 \end{vmatrix} = b_2 a_{11} - b_1 a_{21},$$

从而,方程组(1.1.1)有唯一解,可以表示为

$$\begin{cases} x_1 = \dfrac{D_1}{D} = \dfrac{\begin{vmatrix} b_1 & a_{12} \\ b_2 & a_{22} \end{vmatrix}}{\begin{vmatrix} a_{11} & a_{12} \\ a_{21} & a_{22} \end{vmatrix}} = \dfrac{b_1 a_{22} - b_2 a_{12}}{a_{11}a_{22} - a_{12}a_{21}}, \\[4em] x_2 = \dfrac{D_2}{D} = \dfrac{\begin{vmatrix} a_{11} & b_1 \\ a_{21} & b_2 \end{vmatrix}}{\begin{vmatrix} a_{11} & a_{12} \\ a_{21} & a_{22} \end{vmatrix}} = \dfrac{b_2 a_{11} - b_1 a_{21}}{a_{11}a_{22} - a_{12}a_{21}}. \end{cases}$$

例 1.1.1 求解二元线性方程组

$$\begin{cases} 2x_1 + x_2 = 1, \\ x_1 - 2x_2 = 3. \end{cases}$$

解 根据二阶行列式定义,有

$$D = \begin{vmatrix} 2 & 1 \\ 1 & -2 \end{vmatrix} = -4 - 1 = -5,$$

$$D_1 = \begin{vmatrix} 1 & 1 \\ 3 & -2 \end{vmatrix} = -2 - 3 = -5,$$

$$D_2 = \begin{vmatrix} 2 & 1 \\ 1 & 3 \end{vmatrix} = 6 - 1 = 5,$$

从而

$$x_1 = \frac{D_1}{D} = \frac{-5}{-5} = 1, \ x_2 = \frac{D_2}{D} = \frac{5}{-5} = -1.$$

1.1.2 三阶行列式

与二阶行列式类似,我们可以给出三阶行列式的概念.

> **定义 1.1.1** 有 9 个数排成 3 行 3 列的数表
>
> $$\begin{matrix} a_{11} & a_{12} & a_{13} \\ a_{21} & a_{22} & a_{23} \\ a_{31} & a_{32} & a_{33} \end{matrix} \tag{1.1.5}$$
>
> 并记
>
> $$\begin{vmatrix} a_{11} & a_{12} & a_{13} \\ a_{21} & a_{22} & a_{23} \\ a_{31} & a_{32} & a_{33} \end{vmatrix} = \begin{aligned} & a_{11}a_{22}a_{33} + a_{12}a_{23}a_{31} + a_{13}a_{21}a_{32} \\ & - a_{11}a_{23}a_{32} - a_{12}a_{21}a_{33} - a_{13}a_{22}a_{31} \end{aligned}$$
>
> $$\tag{1.1.6}$$
>
> 式(1.1.6)称为由数表(1.1.5)所确定的**三阶行列式**.

上述定义表明三阶行列式共有 6 项,每一项均为不同行、不同列三个元素的乘积并冠以符号.仿照二阶行列式对角线法则,也可以给出三阶行列式的对角线法则.

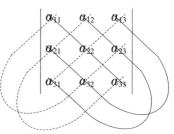

其中每一条实线上的三个元素的乘积带正号,每一条虚线上的三个元素的乘积带负号,所得 6 项的代数和就是三级行列式的展开式.

图 1.1.2

例 1.1.2 计算三阶行列式

$$D = \begin{vmatrix} -1 & 2 & 3 \\ -2 & 1 & 1 \\ 3 & -1 & 1 \end{vmatrix}.$$

解 按照三阶行列式对角线法则,有

$$D = (-1) \times 1 \times 1 + 2 \times 1 \times 3 + 3 \times (-2) \times (-1)$$
$$- (-1) \times 1 \times (-1) - 2 \times (-2) \times 1 - 3 \times 1 \times 3$$
$$= -1 + 6 + 6 - 1 + 4 - 9 = 5.$$

例 1.1.3 求解方程

$$\begin{vmatrix} 1 & 3 & 3 \\ 0 & x & 1 \\ x & 1 & x \end{vmatrix} = 0.$$

解 方程左端三阶行列式

$$D = x^2 + 3x - 3x^2 - 1 = -2x^2 + 3x - 1,$$

由 $-2x^2 + 3x - 1 = 0$,解得 $x = 1$ 或 $x = \dfrac{1}{2}$.

对角线法则只适应于二阶、三阶行列式的计算,对于更高阶的行列式则需要介绍排列的概念,然后引出 n 阶行列式的定义与计算.

1.2 排列与对换

1.2.1 n 级排列

定义 1.2.1 由 n 个数码 $1, 2, 3, \cdots, n$ 排成的任一有序数组,称为一个 n 级排列.

如:4132 是一个 4 级排列,

43521 是一个 5 级排列,

3245 不是 4 级排列,也不是 5 级排列.

1.2.1 由正整数 $1,2,3$ 可组成的 3 级排列共有 $3! = 6$ 个,他们分别是

$$123, 132, 213, 231, 312, 321$$

由 n 级排列概念可以知,n 级排列的总数为 $n!$ 个. 一般地,一个 n 级排列可记为 $j_1 j_2 \cdots j_n$,特别的 $123 \cdots n$ 称为 n 级自然数排列.

1.2.2　排列的奇偶性

> **定义 1.2.2**　在 n 级排列 $j_1 j_2 \cdots j_t \cdots j_s \cdots j_n$ 中,如果有较大的码 j_t 排在较小的码 j_s 左边,则称 j_t 与 j_s 构成一个逆序,记为 $j_t j_s$,排列 $j_1 j_2 \cdots j_t \cdots j_s \cdots j_n$ 中逆序的总数称为排列的**逆序数**,记为 $\tau(j_1 j_2 \cdots j_t \cdots j_s \cdots j_n)$,简记为 τ;逆序数为奇数的排列称为**奇排列**,逆序数为偶数的排列称为**偶排列**.

 1.2.2　在 4 级排列 4231 中构成逆序数的数对有 $42,43,41,21,31$,因此 $\tau(4231) = 5$,该排列是奇排列,而在 5 级排列 35142 中,构成逆序数的数对有 $31,32,51,54,52,42$,因此 $\tau(35142) = 6$,该排列为偶排列.

注意:排列 $123 \cdots n$ 称为 n 级自然数排列,不难看出自然数排列的逆序数为 0.

1.2.3　对换

> **定义 1.2.3**　在 n 级排列 $j_1 j_2 \cdots j_t \cdots j_s \cdots j_n$ 中,交换数码 j_t 和 j_s 的位置,其余数码位置不变,得到新的排列 $j_1 j_2 \cdots j_s \cdots j_t \cdots j_n$,称为 n 级排列的一次**对换**,用 (j_t, j_s) 表示一次对换,若 j_t, j_s 相邻,则称为一次相邻**对换**.

 1.2.3　如对 5 级排列 21543 施以相邻对换 $(5,4)$,则得排列 21453,若施以 $(1,3)$ 对换,则得排列 23541. 此外 $\tau(21543) = 4$,排列 21543 是

偶排列,但 $\tau(21453)=3$ 和 $\tau(23541)=5$,排列 21453 和 23541 均是奇排列.

> **定理 1.2.1** 任何一个排列经过任何一次对换,改变排列的奇偶性.

证明 先证相邻对换的情形.

设排列 $a_1\cdots a_labb_1\cdots b_m$,对换 a 与 b,得新排列 $a_1\cdots a_lbab_1\cdots b_m$,显然, $a_1\cdots a_l$;$b_1\cdots b_m$ 这些元素的逆序数经过对换不改变,而元素 a,b 的逆序数改变为:当 $a<b$,兑换后 a 的逆序数增加 1 而 b 的逆序数不变;当 $a>b$ 时,兑换后 a 的逆序数不变但 b 的逆序数减少 1.所以排列 $a_1\cdots a_labb_1\cdots b_m$ 与排列 $a_1\cdots a_lbab_1\cdots b_m$ 的逆序数相差 1,从而奇偶性改变.

再证明一般的对换.

设排列 $a_1\cdots a_lab_1\cdots b_mbc_1\cdots c_n$,把它看做 m 次相邻对换得到 $a_1\cdots a_labb_1\cdots b_mc_1\cdots c_n$,再作 $m+1$ 次相邻对换,变成 $a_1\cdots a_lbb_1\cdots b_mac_1\cdots c_n$. 总之经过 $2m+1$ 次相邻对换,排列 $a_1\cdots a_lab_1\cdots b_mbc_1\cdots c_n$ 变成排列 $a_1\cdots a_lbb_1\cdots b_mac_1\cdots c_n$,所以这两个排列奇偶性相反.

> **定理 1.2.2*** 在所有的 $n(n\geqslant 2)$ 级排列中,奇排列和偶排列各占一半.

证明 由于 n 级排列的逆序数总数为 $n!$,设奇逆序数为 x,偶逆序数为 y. 由于奇排列任意兑换一次为偶排列,所以 $x\leqslant y$; 同理偶排列任意兑换一次为奇排列,所以 $y\leqslant x$; 从而 $x=y$,即奇排列和偶排列各占一半.

1.3　n 阶行列式的定义

1.3.1　n 阶行列式

为了给出 n 阶行列式的定义,首先利用 n 级排列的概念对 3 阶行列式的展开式进行研究. 3 阶行列式的展开式(1.1.6)中由 6 项构成,分别为 $a_{11}a_{22}a_{33}$,$a_{12}a_{23}a_{31}$,$a_{13}a_{21}a_{32}$,$-a_{11}a_{23}a_{32}$,$-a_{12}a_{21}a_{33}$,$-a_{13}a_{22}a_{31}$. 容易看出:

(1)每一项均是 3 个不同元素的乘积,这 3 个元素位于不同的行、不同的列；这 6 项若不考虑符号可以统一的写成 $a_{1j_1}a_{2j_2}a_{3j_3}$ 即行标为 123，而列标 $j_1j_2j_3$ 是一个 3 级排列，这样的 3 级排列共有 6 种，对应例 1.2.1 中的 6 项.

（2）当 $j_1j_2j_3$ 是偶排列时对应正号，当 $j_1j_2j_3$ 是奇排列时对应负号.

依据以上两条规律，可以给出 n 阶行列式的定义如下：

定义 1.3.1　由 n^2 个数 $a_{ij}(i,j=1,2,3,\cdots,n)$，构成 n 行 n 列

$$\begin{vmatrix} a_{11} & a_{12} & \cdots & a_{1n} \\ a_{21} & a_{22} & \cdots & a_{2n} \\ \vdots & \vdots & \cdots & \vdots \\ a_{n1} & a_{n2} & \cdots & a_{nn} \end{vmatrix}$$

表示 $n!$ 项的和，每一项由取自不同行、不同列的 n 个数 $a_{1j_1},a_{2j_2},\cdots,$ a_{nj_n} 的连乘积构成，每一项冠以符号 $(-1)^{\tau(j_1j_2\cdots j_n)}$，即

$$\begin{vmatrix} a_{11} & a_{12} & \cdots & a_{1n} \\ a_{21} & a_{22} & \cdots & a_{2n} \\ \vdots & \vdots & \cdots & \vdots \\ a_{n1} & a_{n2} & \cdots & a_{nn} \end{vmatrix} = \sum (-1)^{\tau(j_1j_2\cdots j_n)} a_{1j_1}a_{2j_2}\cdots a_{nj_n} \quad (1.3.1)$$

称（1.3.1）的左端为 n **阶行列式**，右端为 n 阶行列式的展开式，其中
$$(-1)^{\tau(j_1j_2\cdots j_n)} a_{1j_1}a_{2j_2}\cdots a_{nj_n}$$
为展开式的一般项. $a_{ij}(i,j=1,2,3,\cdots,n)$ 为第 i 行第 j 列的元素，$j_1j_2\cdots j_n$ 为列标的 n 级排列.

 1.3.1　试确定四阶行列式中项 $a_{13}a_{41}a_{32}a_{24}$ 前应冠以的符号.

解　将连乘积改写为 $a_{13}a_{24}a_{32}a_{41}$，则行标为 1234，列标为 3421，由于 $\tau(3421)=5$，所以此项前应冠以负号.

 1.3.2　计算 n 阶对角行列式

$$D = \begin{vmatrix} a_{11} & 0 & \cdots & 0 \\ 0 & a_{22} & \cdots & 0 \\ \vdots & \vdots & \cdots & \vdots \\ 0 & 0 & \cdots & a_{nn} \end{vmatrix}$$

（D 中 a_{ij} 当 $i\neq j$ 时 $a_{ij}=0$，当 $i=j$ 时 $a_{ij}\neq 0$）.

解　乘积 $a_{11}a_{22}\cdots a_{nn} \neq 0$，其余 $n!-1$ 项中至少有 1 个元素为零，从而乘积为零. 此外 $a_{11}a_{22}\cdots a_{nn}$ 这项的行标为 $12\cdots n$，列标亦为 $12\cdots n$，其逆序数为 $\tau(12\cdots n) = 0$. 根据 n 阶行列式的定义知 $D = a_{11}a_{22}\cdots a_{nn}$. 即为主对角线元素的连乘积.

例 **1.3.3**　计算 n 阶上三角行列式

$$D = \begin{vmatrix} a_{11} & a_{12} & \cdots & a_{1n} \\ 0 & a_{22} & \cdots & a_{2n} \\ \vdots & \vdots & \cdots & \vdots \\ 0 & 0 & \cdots & a_{nn} \end{vmatrix}$$

（D 中 a_{ij} 当 $i > j$ 时 $a_{ij} = 0$，当 $i \leqslant j$ 时 $a_{ij} \neq 0$）.

解　从行列式 D 第 1 行至第 n 行依次取 $a_{11}, a_{22}, \cdots, a_{nn}$ 作连乘积，此项不等于零，且符号为正，其余 $n!-1$ 项中至少有 1 个元素为零，从而乘积为零. 根据 n 阶行列式的定义知 $D = a_{11}a_{22}\cdots a_{nn}$. 即为主对角线元素的连乘积.

类似的下三角行列式：

$$\begin{vmatrix} a_{11} & 0 & \cdots & 0 \\ a_{21} & a_{22} & \cdots & 0 \\ \vdots & \vdots & \cdots & \vdots \\ a_{n1} & a_{n2} & \cdots & a_{nn} \end{vmatrix}$$

（D 中 a_{ij} 当 $i \geqslant j$ 时 $a_{ij} \neq 0$，当 $i < j$ 时 $a_{ij} = 0$），也等于主对角元素连乘积，即

$$\begin{vmatrix} a_{11} & 0 & \cdots & 0 \\ a_{21} & a_{22} & \cdots & 0 \\ \vdots & \vdots & \cdots & \vdots \\ a_{n1} & a_{n2} & \cdots & a_{nn} \end{vmatrix} = a_{11}a_{22}\cdots a_{nn}.$$

由于数的乘法满足交换律，所以 n 阶行列式各项中元素的乘积 $a_{1j_1}a_{2j_2}\cdots a_{nj_n}$ 也可以任意调换，我们可以得到如下的两个等式.

定理 1.3.1　对于 n 阶行列式 $\begin{vmatrix} a_{11} & a_{12} & \cdots & a_{1n} \\ a_{21} & a_{22} & \cdots & a_{2n} \\ \vdots & \vdots & \cdots & \vdots \\ a_{n1} & a_{n2} & \cdots & a_{nn} \end{vmatrix}$，有

$$\begin{vmatrix} a_{11} & a_{12} & \cdots & a_{1n} \\ a_{21} & a_{22} & \cdots & a_{2n} \\ \vdots & \vdots & \cdots & \vdots \\ a_{n1} & a_{n2} & \cdots & a_{nn} \end{vmatrix} = \sum (-1)^{\tau(i_1 i_2 \cdots i_n)} a_{i_1 1} a_{i_2 2} \cdots a_{i_n n}, \quad (1.3.2)$$

$$\begin{vmatrix} a_{11} & a_{12} & \cdots & a_{1n} \\ a_{21} & a_{22} & \cdots & a_{2n} \\ \vdots & \vdots & \cdots & \vdots \\ a_{n1} & a_{n2} & \cdots & a_{nn} \end{vmatrix} = \sum (-1)^{\tau(i_1 i_2 \cdots i_n) + \tau(j_1 j_2 \cdots j_n)} a_{i_1 j_1} a_{i_2 j_2} \cdots a_{i_n j_n}. \quad (1.3.3)$$

1.3.2　行列式的转置

对于行列式 $D = \begin{vmatrix} a_{11} & a_{12} & \cdots & a_{1n} \\ a_{21} & a_{22} & \cdots & a_{2n} \\ \vdots & \vdots & \cdots & \vdots \\ a_{n1} & a_{n2} & \cdots & a_{nn} \end{vmatrix}$，称行列式 $\begin{vmatrix} a_{11} & a_{21} & \cdots & a_{n1} \\ a_{12} & a_{22} & \cdots & a_{n2} \\ \vdots & \vdots & \cdots & \vdots \\ a_{1n} & a_{2n} & \cdots & a_{nn} \end{vmatrix}$

为行列式 D 的**转置行列式**，记为 D^T.

实际书写时，使用**"横着看，竖着写"**的口诀，便可得到转置行列式.

定理 1.3.2　行列式和它的转置行列式相等.

证明　记行列式 $D = \begin{vmatrix} a_{11} & a_{12} & \cdots & a_{1n} \\ a_{21} & a_{22} & \cdots & a_{2n} \\ \vdots & \vdots & \cdots & \vdots \\ a_{n1} & a_{n2} & \cdots & a_{nn} \end{vmatrix}$ 的转置行列式

$$D^T = \begin{vmatrix} b_{11} & b_{12} & \cdots & b_{1n} \\ b_{21} & b_{22} & \cdots & b_{2n} \\ \vdots & \vdots & \cdots & \vdots \\ b_{n1} & b_{n2} & \cdots & b_{nn} \end{vmatrix},$$

则 $b_{ij} = a_{ji}(i,j = 1,2,\cdots,n)$，由行列式的定义得

$$D^T = \begin{vmatrix} b_{11} & b_{12} & \cdots & b_{1n} \\ b_{21} & b_{22} & \cdots & b_{2n} \\ \vdots & \vdots & \cdots & \vdots \\ b_{n1} & b_{n2} & \cdots & b_{nn} \end{vmatrix} = \sum (-1)^{\tau(j_1 j_2 \cdots j_n)} b_{1j_1} b_{2j_2} \cdots b_{nj_n}$$

$$= \sum (-1)^{\tau(j_1 j_2 \cdots j_n)} a_{j_1 1} a_{j_2 2} \cdots a_{j_n n} = D$$

此定理告诉我们,行列式中的行与列具有同等的地位,行列式的性质凡是对行成立的对列也一定成立,反之亦然.

1.4　行列式的性质、展开与计算

1.4.1　行列式的性质

性质 1.4.1 对换行列式两行(列),行列式变号. 即

$$D = \begin{vmatrix} a_{11} & a_{12} & \cdots & a_{1n} \\ \vdots & \vdots & \vdots & \vdots \\ a_{k1} & a_{k2} & \cdots & a_{kn} \\ \vdots & \vdots & \vdots & \vdots \\ a_{l1} & a_{l2} & \cdots & a_{ln} \\ \vdots & \vdots & \vdots & \vdots \\ a_{n1} & a_{n2} & \cdots & a_{nn} \end{vmatrix} = - \begin{vmatrix} a_{11} & a_{12} & \cdots & a_{1n} \\ \vdots & \vdots & \vdots & \vdots \\ a_{l1} & a_{l2} & \cdots & a_{ln} \\ \vdots & \vdots & \vdots & \vdots \\ a_{k1} & a_{k2} & \cdots & a_{kn} \\ \vdots & \vdots & \vdots & \vdots \\ a_{n1} & a_{n2} & \cdots & a_{nn} \end{vmatrix}.$$

证明 由行列式的定义可得

$$D = \sum (-1)^{\tau(j_1 j_2 \cdots j_n)} a_{1j_1} \cdots a_{kj_k} \cdots a_{lj_l} \cdots a_{nj_n}$$

$$D_1 = \sum (-1)^{\tau(j_1 j_2 \cdots j_n)} a_{1j_1} \cdots a_{lj_k} \cdots a_{kj_l} \cdots a_{nj_n}$$

比较以上两个等式可以看出 D 与 D_1 的每一项均差一个负号,从而 $D_1 = -D$.

推论 1.4.1 行列式中有两行(列)相同,则此行列式等于零.

证明 在行列式中,把这相等的两行对换,行列式没有改变,由性质 1.4.1 可得 $D = -D$, 从而 $D = 0$.

性质 1.4.2 行列式的某一行(列)元素有公因子 k, 则该公因子 k 可以提到行列式的外面. 即

$$D = \begin{vmatrix} a_{11} & a_{12} & \cdots & a_{1n} \\ \vdots & \vdots & \vdots & \vdots \\ ka_{i1} & ka_{i2} & \cdots & ka_{in} \\ \vdots & \vdots & \vdots & \vdots \\ a_{n1} & a_{n2} & \cdots & a_{nn} \end{vmatrix} = k \begin{vmatrix} a_{11} & a_{12} & \cdots & a_{1n} \\ \vdots & \vdots & \vdots & \vdots \\ a_{i1} & a_{i2} & \cdots & a_{in} \\ \vdots & \vdots & \vdots & \vdots \\ a_{n1} & a_{n2} & \cdots & a_{nn} \end{vmatrix}.$$

证明 根据行列式的定义有

$$D = \sum (-1)^{\tau(j_1 j_2 \cdots j_n)} a_{1j_1} \cdots k a_{ij_i} \cdots a_{nj_n} = k \sum (-1)^{\tau(j_1 j_2 \cdots j_n)} a_{1j_1} \cdots a_{ij_i} \cdots a_{nj_n}$$

推论 1.4.2 行列式中有两行(列)对应成比例,则此行列式等于零.

说明:

(1)推论 1.4.2 的证明可以直接利用性质 1.4.2 和推论 1.4.1 得到;

(2)行列式某一行全为 0, 则行列式等于零.

性质 1.4.3 若行列式只有某一行(列)元素是两数之和,则此行列式是两个行列式之和. 即

$$\begin{vmatrix} a_{11} & a_{12} & \cdots & a_{1n} \\ \vdots & \vdots & \vdots & \vdots \\ a_{i1}+b_{i1} & a_{i2}+b_{i2} & \cdots & a_{in}+b_{in} \\ \vdots & \vdots & \vdots & \vdots \\ a_{n1} & a_{n2} & \cdots & a_{nn} \end{vmatrix}$$

$$= \begin{vmatrix} a_{11} & a_{12} & \cdots & a_{1n} \\ \vdots & \vdots & \vdots & \vdots \\ a_{i1} & a_{i2} & \cdots & a_{in} \\ \vdots & \vdots & \vdots & \vdots \\ a_{n1} & a_{n2} & \cdots & a_{nn} \end{vmatrix} + \begin{vmatrix} a_{11} & a_{12} & \cdots & a_{1n} \\ \vdots & \vdots & \vdots & \vdots \\ b_{i1} & b_{i2} & \cdots & b_{in} \\ \vdots & \vdots & \vdots & \vdots \\ a_{n1} & a_{n2} & \cdots & a_{nn} \end{vmatrix}.$$

证明 根据行列式定义

$$
\begin{vmatrix}
a_{11} & a_{12} & \cdots & a_{1n} \\
\vdots & \vdots & \vdots & \vdots \\
a_{i1}+b_{i1} & a_{i2}+b_{i2} & \cdots & a_{in}+b_{in} \\
\vdots & \vdots & \vdots & \vdots \\
a_{n1} & a_{n2} & \cdots & a_{nn}
\end{vmatrix}
$$

$$
= \sum (-1)^{\tau(j_1 j_2 \cdots j_n)} a_{1j_1} \cdots (a_{ij_i}+b_{ij_i}) \cdots a_{nj_n}
$$

$$
= \sum (-1)^{\tau(j_1 j_2 \cdots j_n)} a_{1j_1} \cdots a_{ij_i} \cdots a_{nj_n} + \sum (-1)^{\tau(j_1 j_2 \cdots j_n)} a_{1j_1} \cdots b_{ij_i} \cdots a_{nj_n}
$$

$$
=
\begin{vmatrix}
a_{11} & a_{12} & \cdots & a_{1n} \\
\vdots & \vdots & \vdots & \vdots \\
a_{i1} & a_{i2} & \cdots & a_{in} \\
\vdots & \vdots & \vdots & \vdots \\
a_{n1} & a_{n2} & \cdots & a_{nn}
\end{vmatrix}
+
\begin{vmatrix}
a_{11} & a_{12} & \cdots & a_{1n} \\
\vdots & \vdots & \vdots & \vdots \\
b_{i1} & b_{i2} & \cdots & b_{in} \\
\vdots & \vdots & \vdots & \vdots \\
a_{n1} & a_{n2} & \cdots & a_{nn}
\end{vmatrix}.
$$

性质 1.4.4 把行列式某一行(列)的各元素乘以同一数加到另一行(列)对应元素上,则行列式的值不变. 即

$$
\begin{vmatrix}
a_{11} & a_{12} & \cdots & a_{1n} \\
\vdots & \vdots & \vdots & \vdots \\
a_{i1} & a_{i2} & \cdots & a_{in} \\
\vdots & \vdots & \vdots & \vdots \\
a_{j1} & a_{j2} & \cdots & a_{jn} \\
\vdots & \vdots & \vdots & \vdots \\
a_{n1} & a_{n2} & \cdots & a_{nn}
\end{vmatrix}
\overset{r_i+kr_j}{=\!=}
\begin{vmatrix}
a_{11} & a_{12} & \cdots & a_{1n} \\
\vdots & \vdots & \vdots & \vdots \\
a_{i1}+ka_{j1} & a_{i2}+ka_{j2} & \cdots & a_{in}+ka_{jn} \\
\vdots & \vdots & \vdots & \vdots \\
a_{j1} & a_{j2} & \cdots & a_{jn} \\
\vdots & \vdots & \vdots & \vdots \\
a_{n1} & a_{n2} & \cdots & a_{nn}
\end{vmatrix}.
$$

证明 利用性质 1.4.2 和性质 1.4.3 以及推论 1.4.1 可得

$$\begin{vmatrix} a_{11} & a_{12} & \cdots & a_{1n} \\ \vdots & \vdots & \vdots & \vdots \\ a_{i1}+ka_{j1} & a_{i2}+ka_{j2} & \cdots & a_{in}+ka_{jn} \\ \vdots & \vdots & \vdots & \vdots \\ a_{j1} & a_{j2} & \cdots & a_{jn} \\ \vdots & \vdots & \vdots & \vdots \\ a_{n1} & a_{n2} & \cdots & a_{nn} \end{vmatrix}$$

$$= \begin{vmatrix} a_{11} & a_{12} & \cdots & a_{1n} \\ \vdots & \vdots & \vdots & \vdots \\ a_{i1} & a_{i2} & \cdots & a_{in} \\ \vdots & \vdots & \vdots & \vdots \\ a_{j1} & a_{j2} & \cdots & a_{jn} \\ \vdots & \vdots & \vdots & \vdots \\ a_{n1} & a_{n2} & \cdots & a_{nn} \end{vmatrix} + \begin{vmatrix} a_{11} & a_{12} & \cdots & a_{1n} \\ \vdots & \vdots & \vdots & \vdots \\ ka_{j1} & ka_{j2} & \cdots & ka_{jn} \\ \vdots & \vdots & \vdots & \vdots \\ a_{j1} & a_{j2} & \cdots & a_{jn} \\ \vdots & \vdots & \vdots & \vdots \\ a_{n1} & a_{n2} & \cdots & a_{nn} \end{vmatrix}$$

$$= \begin{vmatrix} a_{11} & a_{12} & \cdots & a_{1n} \\ \vdots & \vdots & \vdots & \vdots \\ a_{i1} & a_{i2} & \cdots & a_{in} \\ \vdots & \vdots & \vdots & \vdots \\ a_{j1} & a_{j2} & \cdots & a_{jn} \\ \vdots & \vdots & \vdots & \vdots \\ a_{n1} & a_{n2} & \cdots & a_{nn} \end{vmatrix} + k \begin{vmatrix} a_{11} & a_{12} & \cdots & a_{1n} \\ \vdots & \vdots & \vdots & \vdots \\ a_{j1} & a_{j2} & \cdots & a_{jn} \\ \vdots & \vdots & \vdots & \vdots \\ a_{j1} & a_{j2} & \cdots & a_{jn} \\ \vdots & \vdots & \vdots & \vdots \\ a_{n1} & a_{n2} & \cdots & a_{nn} \end{vmatrix}$$

$$= \begin{vmatrix} a_{11} & a_{12} & \cdots & a_{1n} \\ \vdots & \vdots & \vdots & \vdots \\ a_{i1} & a_{i2} & \cdots & a_{in} \\ \vdots & \vdots & \vdots & \vdots \\ a_{j1} & a_{j2} & \cdots & a_{jn} \\ \vdots & \vdots & \vdots & \vdots \\ a_{n1} & a_{n2} & \cdots & a_{nn} \end{vmatrix}.$$

性质 1.4.1、性质 1.4.2 和性质 1.4.3 是行列式关于行与列的三种运算，一般把数 k 乘以第 i 行(列)记为 kr_i（kc_i），互换第 i 行(列)和第 j 行(列)记

为 $r_i \leftrightarrow r_j (c_i \leftrightarrow c_j)$，把第 j 行(列)的 k 加到第 i 行(列)记为 $r_i + kr_j (c_i + kc_j)$.

在以后的行列式计算中主要利用以上的性质及其推论将该行列式化为上三角行列式或者下三角行列式，再进行计算.

例 1.4.1 计算行列式 $D = \begin{vmatrix} 1 & 1 & 0 & 5 \\ 3 & -5 & 2 & 1 \\ -1 & 3 & 1 & 3 \\ 2 & -2 & 4 & -3 \end{vmatrix}$.

解 $D = \begin{vmatrix} 1 & 1 & 0 & 5 \\ 3 & -5 & 2 & 1 \\ -1 & 3 & 1 & 3 \\ 2 & -2 & 4 & -3 \end{vmatrix} = \begin{vmatrix} 1 & 1 & 0 & 5 \\ 0 & -8 & 2 & -14 \\ 0 & 4 & 1 & 8 \\ 0 & -4 & 4 & -13 \end{vmatrix}$

$= - \begin{vmatrix} 1 & 1 & 0 & 5 \\ 0 & 4 & 1 & 8 \\ 0 & 0 & 4 & 2 \\ 0 & 0 & 5 & -5 \end{vmatrix} = -5 \begin{vmatrix} 1 & 1 & 0 & 5 \\ 0 & 4 & 1 & 8 \\ 0 & 0 & 4 & 2 \\ 0 & 0 & 1 & -1 \end{vmatrix}$

$= 5 \begin{vmatrix} 1 & 1 & 0 & 5 \\ 0 & 4 & 1 & 8 \\ 0 & 0 & 1 & -1 \\ 0 & 0 & 0 & 6 \end{vmatrix} = 120.$

例 1.4.2 计算行列式 $D = \begin{vmatrix} a & b & \cdots & b \\ b & a & \cdots & b \\ \vdots & \vdots & \vdots & \vdots \\ b & b & \cdots & a \end{vmatrix}$.

解 $D = \begin{vmatrix} a & b & \cdots & b \\ b & a & \cdots & b \\ \vdots & \vdots & \vdots & \vdots \\ b & b & \cdots & a \end{vmatrix}$

$= \begin{vmatrix} a+(n-1)b & a+(n-1)b & \cdots & a+(n-1)b \\ b & a & \cdots & b \\ \vdots & \vdots & \vdots & \vdots \\ b & b & \cdots & a \end{vmatrix}$

$$= [a+(n-1)b] \begin{vmatrix} 1 & 1 & \cdots & 1 \\ b & a & \cdots & b \\ \vdots & \vdots & \vdots & \vdots \\ b & b & \cdots & a \end{vmatrix}$$

$$= [a+(n-1)b] \begin{vmatrix} 1 & 1 & \cdots & 1 \\ 0 & a-b & \cdots & 0 \\ \vdots & \vdots & \vdots & \vdots \\ 0 & 0 & \cdots & a-b \end{vmatrix}$$

$$= [a+(n-1)b](a-b)^{n-1}.$$

例 1.4.3 设行列式

$$D = \begin{vmatrix} a_{11} & \cdots & a_{1n} & & & \\ \vdots & & \vdots & & o & \\ a_{n1} & \cdots & a_{nn} & & & \\ c_{11} & \cdots & c_{1n} & b_{11} & \cdots & b_{1m} \\ \vdots & & \vdots & \vdots & & \vdots \\ c_{m1} & \cdots & c_{mn} & b_{m1} & \cdots & b_{mn} \end{vmatrix},$$

$$D_1 = \begin{vmatrix} a_{11} & \cdots & a_{1n} \\ \vdots & & \vdots \\ a_{n1} & \cdots & a_{nn} \end{vmatrix},$$

$$D_2 = \begin{vmatrix} b_{11} & \cdots & b_{1m} \\ \vdots & & \vdots \\ b_{m1} & \cdots & b_{mn} \end{vmatrix},$$

则 $D = D_1 D_2$.

证明 对行列式 D_1 实施行运算,行列式 D_2 实施列运算,将他们化为下三角矩阵,分别记为

$$D_1 = \begin{vmatrix} p_{11} & \cdots & o \\ \vdots & \ddots & \vdots \\ p_{n1} & \cdots & p_{nn} \end{vmatrix}, D_2 = \begin{vmatrix} q_{11} & \cdots & o \\ \vdots & & \vdots \\ q_{m1} & \cdots & q_{mn} \end{vmatrix},$$

对行列式 D 的前 n 行与后 m 列分别实施与 D_1 和 D_2 相同的行、列运算得

$$D = \begin{vmatrix} p_{11} & \cdots & o & & & \\ \vdots & \ddots & & & o & \\ p_{n1} & \cdots & p_{nn} & & & \\ c_{11} & \cdots & c_{1n} & q_{11} & \cdots & o \\ \vdots & & \vdots & \vdots & \ddots & \\ c_{m1} & \cdots & c_{nn} & q_{m1} & \cdots & q_{mn} \end{vmatrix} = D_1 D_2.$$

例 1.4.4* 计算行列式 $D_{2n} = \begin{vmatrix} a & & & & & & b \\ & \ddots & & & & \ddots & \\ & & a & b & & & \\ & & c & d & & & \\ & \ddots & & & & \ddots & \\ c & & & & & & d \end{vmatrix}$，其中未写

出来的元素均为 0.

解 把 D 中的第 $2n$ 行依次与第 $2n-1$ 行 $\cdots\cdots$ 第 2 行对换(作 $2n-2$ 次相邻两行对换)，再把第 $2n$ 列依次与第 $2n-1$ 列 $\cdots\cdots$ 第 2 列对换，得

$$D_{2n} = \begin{vmatrix} a & b & & & & & \\ c & d & & & & & \\ & & a & & & & b \\ & & & \ddots & & \ddots & \\ & & & & a & b & \\ & & & & c & d & \\ & & & \ddots & & & \ddots \\ & & c & & & & d \end{vmatrix}$$

由例 1.4.3 的结果，可得

$$D_{2n} = \begin{vmatrix} a & b \\ c & d \end{vmatrix} D_{2n-2} = (ad - bc) D_{2n-2},$$

以此作递推公式，即得

$$D_{2n} = (ad - bc) D_{2n-2} = \cdots = (ad - bc)^n.$$

1.4.2　n 阶行列式的展开

定义 1.4.1　在 n 阶行列式 D_n 中,划去元素 a_{ij} 所在的第 i 行和第 j 列元素所余下的元素依原来的相对位置所构成的 $n-1$ 阶行列式称为元素 a_{ij} 的**余子式**,记为 M_{ij},即

$$M_{ij} = \begin{vmatrix} a_{11} & \cdots & a_{1j-1} & a_{1j+1} & \cdots & a_{1n} \\ \vdots & & \vdots & \vdots & & \vdots \\ a_{i-11} & \cdots & a_{i-1j-1} & a_{i-1j+1} & \cdots & a_{i-1n} \\ a_{i+11} & \cdots & a_{i+1j-1} & a_{i+1j+1} & \cdots & a_{i+1n} \\ \vdots & & \vdots & \vdots & & \vdots \\ a_{n1} & \cdots & a_{nj-1} & a_{nj+1} & \cdots & a_{nn} \end{vmatrix},$$

称 $(-1)^{i+j}M_{ij}$ 为元素 a_{ij} 的**代数余子式**,记为 A_{ij}.

例 1.4.5　设 $D = \begin{vmatrix} 3 & -2 & 1 \\ 0 & 1 & 4 \\ -3 & 2 & -1 \end{vmatrix}$,求 A_{11},A_{12} 和 A_{13}.

解　由于

$$M_{11} = \begin{vmatrix} 1 & 4 \\ 2 & -1 \end{vmatrix} = -1 - 8 = -9;$$

$$M_{12} = \begin{vmatrix} 0 & 4 \\ -3 & -1 \end{vmatrix} = 0 + 12 = 12;$$

$$M_{13} = \begin{vmatrix} 0 & 1 \\ -3 & 2 \end{vmatrix} = 0 + 3 = 3.$$

所以 $A_{11} = (-1)^{1+1}M_{11} = -9$,$A_{12} = (-1)^{1+2}M_{12} = -12$, $A_{13} = (-1)^{1+3}M_{13} = 3$.

定理 1.4.1　行列式 D 等于它的任意一行(列)的各元素与该元素代数余子式的乘积的和,即

$$D = a_{i1}A_{i1} + a_{i2}A_{i2} + \cdots + a_{in}A_{in} = \sum_{k=1}^{n} a_{ik}A_{ik} \ (i = 1, 2, \cdots, n). \quad (1.4.1)$$

或者

$$D = a_{1j}A_{1j} + a_{2j}A_{2j} + \cdots + a_{nj}A_{nj} = \sum_{k=1}^{n} a_{kj}A_{kj} \ (j = 1, 2, \cdots, n). \quad (1.4.2)$$

证明 (1)先证行列式 D 中第 1 行除 $a_{11} \neq 0$,其余元素全为零的情形.

$$设 D = \begin{vmatrix} a_{11} & 0 & \cdots & 0 \\ a_{21} & a_{22} & \cdots & a_{2n} \\ \vdots & \vdots & & \vdots \\ a_{n1} & a_{n2} & \cdots & a_{nn} \end{vmatrix},$$

由 n 阶行列式的定义知,在 D 的展开式所含 $n!$ 项中,除含第 1 行的 a_{11} 这一项外,其余全为零,故非零的一般项为 $(-1)^{\tau(1j_2\cdots j_n)} a_{11} a_{2j_2} \cdots a_{nj_n} = a_{11} (-1)^{\tau(j_2\cdots j_n)} a_{2j_2} \cdots a_{nj_n}$,而 $(-1)^{\tau(j_2\cdots j_n)} a_{2j_2} \cdots a_{nj_n}$ 恰为 M_{11} 的一般项,又由于 $A_{11} = (-1)^{1+1} M_{11}$,所以 $D = a_{11} A_{11}$.

(2)再证明行列式 D 中第 i 行除 $a_{ij} \neq 0$,其余元素全为零的情形.

$$设 D = \begin{vmatrix} a_{11} & \cdots & a_{1j} & \cdots & a_{1n} \\ \vdots & & \vdots & & \vdots \\ 0 & \cdots & a_{ij} & \cdots & 0 \\ \vdots & & \vdots & & \vdots \\ a_{n1} & \cdots & a_{nj} & \cdots & a_{nn} \end{vmatrix},$$

将第 i 行依次与第 $i-1, i-2, \cdots, 1$ 行互换,然后再将第 j 列依次与第 $j-1, j-2, \cdots, 1$ 列互换,共实施了 $i-1$ 次行互换和 $j-1$ 次列互换,根据性质 1.4.1 有

$$D = (-1)^{(i-1)+(j-1)} \begin{vmatrix} a_{ij} & 0 & \cdots & 0 \\ a_{11} & a_{12} & \cdots & a_{1n} \\ \vdots & \vdots & & \vdots \\ a_{n1} & a_{n2} & \cdots & a_{nn} \end{vmatrix},$$

再由情形 1 的结论,并注意到 $(-1)^{(i-1)+(j-1)} = (-1)^{i+j}$,从而 $D = (-1)^{i+j} a_{ij} A_{ij}$.

(3)最后再证明一般情形.

$$设 D = \begin{vmatrix} a_{11} & \cdots & a_{1j} & \cdots & a_{1n} \\ \vdots & & \vdots & & \vdots \\ a_{i1} & \cdots & a_{ij} & \cdots & a_{in} \\ \vdots & & \vdots & & \vdots \\ a_{n1} & \cdots & a_{nj} & \cdots & a_{nn} \end{vmatrix},$$

由行列式性质 1.4.3,可以将行列式 D 改写为:

$$D = \begin{vmatrix} a_{11} & \cdots & a_{1j} & \cdots & a_{1n} \\ \vdots & & \vdots & & \vdots \\ a_{i1} & \cdots & 0 & \cdots & 0 \\ \vdots & & \vdots & & \vdots \\ a_{n1} & \cdots & a_{nj} & \cdots & a_{nn} \end{vmatrix} + \cdots + \begin{vmatrix} a_{11} & \cdots & a_{1j} & \cdots & a_{1n} \\ \vdots & & \vdots & & \vdots \\ 0 & \cdots & a_{ij} & \cdots & 0 \\ \vdots & & \vdots & & \vdots \\ a_{n1} & \cdots & a_{nj} & \cdots & a_{nn} \end{vmatrix}$$

$$+ \cdots + \begin{vmatrix} a_{11} & \cdots & a_{1j} & \cdots & a_{1n} \\ \vdots & & \vdots & & \vdots \\ 0 & \cdots & 0 & \cdots & a_{in} \\ \vdots & & \vdots & & \vdots \\ a_{n1} & \cdots & a_{nj} & \cdots & a_{nn} \end{vmatrix}.$$

再根据情形 2 的结论,可得

$$D = a_{i1}A_{i1} + a_{i2}A_{i2} + \cdots + a_{in}A_{in} = \sum_{k=1}^{n} a_{ik}A_{ik} \, (i = 1, 2, \cdots, n).$$

再由定理 1.3.2,上述结论对列也成立,即有

$$D = a_{1j}A_{1j} + a_{2j}A_{2j} + \cdots + a_{nj}A_{nj} = \sum_{k=1}^{n} a_{kj}A_{kj} \, (j = 1, 2, \cdots, n).$$

注意:对于 n 阶行列式 D,有如下的结论:

$$a_{i1}A_{j1} + a_{i2}A_{j2} + \cdots + a_{in}A_{jn} = \begin{cases} D, i = j, \\ 0, \ i \neq j. \end{cases} \tag{1.4.3}$$

$$a_{1i}A_{1j} + a_{2i}A_{2j} + \cdots + a_{ni}A_{nj} = \begin{cases} D, \ i = j, \\ 0, \ i \neq j. \end{cases} \tag{1.4.4}$$

例 1.4.6 计算行列式 $D = \begin{vmatrix} 1 & 2 & 0 & -1 \\ -1 & 1 & 3 & 1 \\ -2 & -1 & 1 & -4 \\ 1 & -1 & 0 & -2 \end{vmatrix}$.

解 一般选择含零较多的行(列)展开,首先用第 1 行分别乘 $1, 2, -1$,加到其余各行得

$$D = \begin{vmatrix} 1 & 2 & 0 & -1 \\ 0 & 3 & 3 & 0 \\ 0 & 3 & 1 & -6 \\ 0 & -3 & 0 & -1 \end{vmatrix},$$

再按第一列展开得

$$D = 1 \cdot (-1)^{1+1} \begin{vmatrix} 3 & 3 & 0 \\ 3 & 1 & -6 \\ -3 & 0 & -1 \end{vmatrix} = -3 + 54 + 9 = 60.$$

例 1.4.7 证明范德蒙德行列式

$$D = \begin{vmatrix} 1 & 1 & 1 & \cdots & 1 \\ a_1 & a_2 & a_3 & \cdots & a_n \\ a_1^2 & a_2^2 & a_3^2 & \cdots & a_n^2 \\ \vdots & \vdots & \vdots & & \vdots \\ a_1^{n-1} & a_2^{n-1} & a_3^{n-1} & \cdots & a_n^{n-1} \end{vmatrix} = \prod_{1 \leqslant i < j \leqslant n} (a_j - a_i).$$

证明 利用数学归纳法证明

当 $n = 2$ 时有 $D = \begin{vmatrix} 1 & 1 \\ a_1 & a_2 \end{vmatrix} = a_2 - a_1$，结论成立；

假设当 $n = k - 1$ 时结论成立，即

$$D = \begin{vmatrix} 1 & 1 & 1 & \cdots & 1 \\ a_1 & a_2 & a_3 & \cdots & a_{k-1} \\ a_1^2 & a_2^2 & a_3^2 & \cdots & a_{k-1}^2 \\ \vdots & \vdots & \vdots & & \vdots \\ a_1^{k-2} & a_2^{k-2} & a_3^{k-2} & \cdots & a_{k-1}^{k-2} \end{vmatrix} = \prod_{1 \leqslant i < j \leqslant k-1} (a_j - a_i),$$

则当 $n = k$ 时，用 $i - 1$ 行乘 $-a_1$ 加到第 i 行 $(i = k, k-1, \cdots, 2)$ 得

$$D = \begin{vmatrix} 1 & 1 & 1 & \cdots & 1 \\ 0 & a_2 - a_1 & a_3 - a_1 & \cdots & a_k - a_1 \\ 0 & a_2(a_2 - a_1) & a_3(a_3 - a_1) & \cdots & a_k(a_k - a_1) \\ \vdots & \vdots & \vdots & & \vdots \\ 0 & a_2^{k-2}(a_2 - a_1) & a_3^{k-2}(a_3 - a_1) & \cdots & a_{k-1}^{k-2}(a_k - a_1) \end{vmatrix},$$

按照第 1 列展开，并提取每一列的公因子到行列式之外，得

$$D = \prod_{2 \leqslant j \leqslant k-1} (a_k - a_i) \begin{vmatrix} 1 & 1 & 1 & \cdots & 1 \\ a_2 & a_3 & a_4 & \cdots & a_k \\ a_2^2 & a_3^2 & a_4^2 & \cdots & a_k^2 \\ \vdots & \vdots & \vdots & & \vdots \\ a_2^{k-2} & a_3^{k-2} & a_4^{k-2} & \cdots & a_k^{k-2} \end{vmatrix},$$

上式的右端是一个 $k-1$ 阶的范德蒙德行列式,由归纳假设知其等于 $\prod\limits_{2\leqslant i<j\leqslant k}(a_j-a_i)$,所以 $D=\prod\limits_{1\leqslant i<j\leqslant k}(a_j-a_i)$.

例 1.4.8 范德蒙德行列式计算 $D=\begin{vmatrix} 1 & 1 & 1 & 1 \\ 3 & 2 & -1 & 4 \\ 9 & 4 & 1 & 16 \\ 27 & 8 & -1 & 64 \end{vmatrix}$.

解 对照范德蒙德行列式可知 $a_1=3,a_2=2,a_3=-1,a_4=4$,所以
$$D=(2-3)(-1-3)(4-3)(-1-2)(4-2)(4-(-1))=-120.$$

1.5 克莱姆(Cramer)法则

1.5.1 引言

在 1.1 节的引例中,我们知道二阶行列式可以帮助我们求解二元线性方程组
$$\begin{cases} a_{11}x_1+a_{12}x_2=b_1, \\ a_{21}x_1+a_{22}x_2=b_2, \end{cases}$$
若记
$$D=\begin{vmatrix} a_{11} & a_{12} \\ a_{21} & a_{22} \end{vmatrix}, \quad D_1=\begin{vmatrix} b_1 & a_{12} \\ b_2 & a_{22} \end{vmatrix}, \quad D_2=\begin{vmatrix} a_{11} & b_1 \\ a_{21} & b_2 \end{vmatrix},$$
则系数行列式 $D\neq 0$ 时,二元线性方程组有唯一解
$$x_1=\frac{D_1}{D}, \quad x_2=\frac{D_2}{D}. \tag{1.5.1}$$

本节介绍 n 元线性方程组的解的公式,它是二元线性方程组的解的公式的推广.

n 元线性方程组的一般表达式为
$$\begin{cases} a_{11}x_1+a_{12}x_2+\cdots+a_{1n}x_n=b_1, \\ a_{21}x_1+a_{22}x_2+\cdots+a_{2n}x_n=b_2, \\ \cdots\cdots\cdots\cdots\cdots\cdots\cdots\cdots \\ a_{n1}x_1+a_{n2}x_2+\cdots+a_{nn}x_n=b_n. \end{cases} \tag{1.5.2}$$

由各方程组未知量的系数构成的 n 级行列式,记为

$$D = \begin{vmatrix} a_{11} & a_{12} & \cdots & a_{1n} \\ a_{21} & a_{22} & \cdots & a_{2n} \\ \vdots & \vdots & & \vdots \\ a_{n1} & a_{n2} & \cdots & a_{nn} \end{vmatrix}, \tag{1.5.3}$$

称为 n 元线性方程组的系数行列式.用常数 $b_1, b_2, \cdots, b_n$ 替换系数行列式 D 的第 j 列所得行列式记为 D_j,即

$$D_j = \begin{vmatrix} a_{11} & \cdots & a_{1j-1} & b_1 & a_{1j+1} & \cdots & a_{1n} \\ a_{21} & \cdots & a_{2j-1} & b_2 & a_{2j+1} & \cdots & a_{2n} \\ \vdots & & \vdots & \vdots & \vdots & & \vdots \\ a_{n1} & \cdots & a_{nj-1} & b_n & a_{nj+1} & \cdots & a_{nn} \end{vmatrix}. \tag{1.5.4}$$

1.5.2　克莱姆(Cramer)法则

定理 1.5.1　克莱姆(Cramer)法则

如果 n 元线性方程组(1.5.2)的系数行列式 $D \neq 0$,那么方程组 (1.5.2)有唯一解

$$x_1 = \frac{D_1}{D}, \ x_2 = \frac{D_2}{D}, \cdots, x_n = \frac{D_n}{D}. \tag{1.5.5}$$

证明　用 D 中第 j 列元素的代数余子式 $A_{1j}, A_{2j}, \cdots, A_{nj}$ 分别乘以方程组(1.5.2)的两边,然后将 n 个方程相加,有

$$\sum_{k=1}^{n} \left(\sum_{i=1}^{n} a_{ik} A_{ij} \right) x_k = \sum_{i=1}^{k} b_i A_{ij}. \tag{1.5.6}$$

再由式(1.4.4)知上式左端各项中除 x_j 的系数为 D 外,其余全为零,而右端恰为 D_j 按第 j 列展开的结果,所以(1.5.6)简化为 $Dx_j = D_j$,故

$$x_j = \frac{D_j}{D} \ (j = 1, 2, \cdots, n).$$

即当 $D \neq 0$ 时,方程组(1.5.2)有唯一解,且解由(1.5.5)表示.还需要验证(1.5.5)满足方程组(1.5.2),这里省略.

例 1.5.1 用 Cramer 法则求解四元一次方程组

$$\begin{cases} 2x_1 + x_2 - 5x_3 + x_4 = 8, \\ x_1 - 3x_2 - 6x_4 = 9, \\ 2x_2 - x_3 + 2x_4 = -5, \\ x_1 + 4x_2 - 7x_3 + 6x_4 = 0. \end{cases}$$

解 容易求得

$$D = \begin{vmatrix} 2 & 1 & -5 & 1 \\ 1 & -3 & 0 & -6 \\ 0 & 2 & -1 & 2 \\ 1 & 4 & -7 & 6 \end{vmatrix} = 27 \neq 0,$$

$$D_1 = \begin{vmatrix} 8 & 1 & -5 & 1 \\ 9 & -3 & 0 & -6 \\ -5 & 2 & -1 & 2 \\ 0 & 4 & -7 & 6 \end{vmatrix} = 81,$$

$$D_2 = \begin{vmatrix} 2 & 8 & -5 & 1 \\ 1 & 9 & 0 & -6 \\ 0 & -5 & -1 & 2 \\ 1 & 0 & -7 & 6 \end{vmatrix} = -108,$$

$$D_3 = \begin{vmatrix} 2 & 1 & 8 & 1 \\ 1 & -3 & 9 & -6 \\ 0 & 2 & -5 & 2 \\ 1 & 4 & 0 & 6 \end{vmatrix} = -27,$$

$$D_4 = \begin{vmatrix} 2 & 1 & -5 & 8 \\ 1 & -3 & 0 & 9 \\ 0 & 2 & -1 & -5 \\ 1 & 4 & -7 & 0 \end{vmatrix} = 27,$$

根据 Cramer 法则知方程组有唯一解

$$x_1 = \frac{81}{27} = 3, \quad x_2 = \frac{-108}{27} = -4, \quad x_3 = \frac{-27}{27} = -1, \quad x_4 = \frac{27}{27} = 1.$$

一般的当 $b_1, b_2, \cdots, b_n$ 至少有一个不等于零时,称方程组(1.5.2)为 n 元非齐次线性方程组,当 $b_1, b_2, \cdots, b_n$ 全等于零时,称其为 n 元齐次线性方程组,即

$$
\begin{cases}
a_{11}x_1 + a_{12}x_2 + \cdots + a_{1n}x_n = 0, \\
a_{21}x_1 + a_{22}x_2 + \cdots + a_{2n}x_n = 0, \\
\cdots\cdots\cdots\cdots\cdots\cdots\cdots\cdots\cdots \\
a_{n1}x_1 + a_{n2}x_2 + \cdots + a_{nn}x_n = 0.
\end{cases}
\tag{1.5.7}
$$

容易看出 $x_1, x_2, \cdots, x_n$ 全为零是方程组(1.5.7)的一个解,我们称 $x_1 = x_2 = \cdots = x_n = 0$ 为方程组(1.5.7)的零解.齐次线性方程组一定有零解,如果 $x_1, x_2, \cdots, x_n$ 至少有一个不等于零且是方程组(1.5.7)的解,称其为方程组(1.5.7)的非零解.

> **定理 1.5.2** 如果 n 元齐次线性方程组(1.5.7)的系数行列式 $D \neq 0$,那么方程组有唯一零解;n 元齐次线性方程组(1.5.7)有非零解的充要条件是其系数行列式 $D = 0$.

证明 由克莱姆(Cramer)法则容易得出.

 1.5.2 讨论 λ 为何值时,齐次线性方程组有非零解

$$
\begin{cases}
x_1 + (\lambda+1)x_2 - 2x_3 = 0, \\
3x_1 + x_2 - \lambda x_3 = 0, \\
x_1 - x_2 + x_3 = 0.
\end{cases}
$$

解 由于方程组的系数行列式为

$$
D = \begin{vmatrix} 1 & \lambda+1 & -2 \\ 3 & 1 & -\lambda \\ 1 & -1 & 1 \end{vmatrix} = -\lambda^2 - 5\lambda + 6 = -(\lambda-1)(\lambda+6),
$$

根据定理 1.5.2 知当 $\lambda = 1$ 或 $\lambda = -6$ 时,齐次方程组有非零解.

相关阅读

数学家 Cramer 简介

G. 克莱姆（Cramer，Gabriel，1704－1752）瑞士数学家. 生于日内瓦，卒于法国塞兹河畔巴尼奥勒. 克莱姆的主要著作是《代数曲线的分析引论》，在该书中他首定义了正则、非正则、超越曲线和无理曲线等概念，第一次正式引入坐标系的纵轴（Y轴），然后讨论曲线变换，并依据曲线方程的阶数将曲线进行分类. 为了确定经过 5 个点的一般二次曲线的系数，应用了著名的"克莱姆法则"，即由线性方程组的系数确定方程组解的表达式.

G. 克莱姆

复习题 1

1. 求下列排列的逆序数：

   (1) 564213;　　(2) 123654;　　(3) $j_n\cdots j_2 j_1$.

2. 确定 k, j 的值使得下列满足要求：

   (1) $24k1j5$ 为奇排列；(2) $2k34j6$ 为偶排列.

3. 证明 n 级排列 $j_1 j_2 \cdots j_n$ 的逆序数与排列 $j_n \cdots j_2 j_1$ 的逆序数之和为 $\dfrac{n(n-1)}{2}$.

4. 求 $2n$ 级排列 $24\cdots(2n)13\cdots(2n-1)$ 的逆序数.

5. 用对角线法则计算下列 2 阶行列式与 3 阶行列式：

   (1) $\begin{vmatrix} 1 & 2 \\ 3 & 4 \end{vmatrix}$;　　(2) $\begin{vmatrix} a & b \\ c & d \end{vmatrix}$;

   (3) $\begin{vmatrix} 1 & 2 & 3 \\ 2 & 3 & 1 \\ 3 & 1 & 2 \end{vmatrix}$;　　(4) $\begin{vmatrix} x & y & x+y \\ y & x+y & x \\ x+y & x & y \end{vmatrix}$.

6. 设三阶行列式 $\begin{vmatrix} 2 & 1 & x \\ 1 & -1 & 2 \\ 3 & x & 4 \end{vmatrix} = 0$，求 x 的值.

7. 求四阶行列式中包含 $a_{23}a_{42}$ 且带负号的所有项.

8. 用行列式的定义计算：

$$\begin{vmatrix} 0 & 0 & 1 & 0 \\ 0 & 1 & 0 & 0 \\ 0 & 0 & 0 & 1 \\ 1 & 0 & 0 & 0 \end{vmatrix}.$$

9. 计算下列各行列式：

(1) $\begin{vmatrix} 1 & 1 & 1 & 0 \\ 0 & 1 & 0 & 1 \\ 0 & 1 & 1 & 1 \\ 0 & 0 & 1 & 0 \end{vmatrix}$;

(2) $\begin{vmatrix} 1 & -1 & 1 & x-1 \\ 1 & -1 & x+1 & -1 \\ 1 & x-1 & 1 & -1 \\ x+1 & -1 & 1 & -1 \end{vmatrix}$;

(3) $\begin{vmatrix} a & b & c & a \\ c & b & a & b \\ b & a & c & c \\ a & c & b & d \end{vmatrix}$;

(4) $\begin{vmatrix} a & b & c & d \\ a^2 & b^2 & c^2 & d^2 \\ a^3 & b^3 & c^3 & d^3 \\ b+c+d & a+c+d & a+b+d & a+b+c \end{vmatrix}.$

10. 已知

$$f(x) = \begin{vmatrix} x & 1 & 1 & 2 \\ 1 & x & 1 & -1 \\ 2 & 1 & x & 1 \\ 1 & 1 & 2x & 1 \end{vmatrix},$$

计算 x^3 的系数.

11. 已知 $D = \begin{vmatrix} a_{11} & a_{12} & a_{13} \\ a_{21} & a_{22} & a_{23} \\ a_{31} & a_{32} & a_{33} \end{vmatrix} = 2$, 求 $D_1 = \begin{vmatrix} a_{11} & 2a_{12} & a_{13}-3a_{12} \\ a_{21} & 2a_{22} & a_{23}-3a_{22} \\ a_{31} & 2a_{32} & a_{33}-3a_{32} \end{vmatrix}.$

12. 计算下列 n 阶行列式：

(1) $\begin{vmatrix} x-y & y & \cdots & y \\ y & x-y & \cdots & y \\ \vdots & \vdots & & \vdots \\ y & y & \cdots & x-y \end{vmatrix}$;

(2) $\begin{vmatrix} 0 & 1 & 1 & \cdots & 1 \\ 1 & 0 & a & \cdots & a \\ 1 & a & 0 & \cdots & a \\ \vdots & \vdots & \vdots & \cdots & \vdots \\ 1 & a & a & \cdots & 0 \end{vmatrix}$;

(3) $\begin{vmatrix} x & a_1 & a_2 & \cdots & a_n \\ a_1 & x & a_2 & \cdots & a_n \\ a_1 & a_2 & x & \cdots & a_n \\ \vdots & \vdots & \vdots & & \vdots \\ a_1 & a_2 & a_3 & \cdots & x \end{vmatrix}$;

(4) $\begin{vmatrix} 1-a & a & 0 & 0 & 0 \\ -1 & 1-a & a & 0 & 0 \\ 0 & -1 & 1-a & a & 0 \\ 0 & 0 & -1 & 1-a & a \\ 0 & 0 & 0 & -1 & 1-a \end{vmatrix}$;

$$(5)\ D = \begin{vmatrix} 1-a & a & 0 & 0 & 0 \\ -1 & 1-a & a & 0 & 0 \\ 0 & -1 & 1-a & a & 0 \\ 0 & 0 & -1 & 1-a & a \\ 0 & 0 & 0 & -1 & 1-a \end{vmatrix}; \quad (6)\ \begin{vmatrix} 1+x_1^2 & x_1x_2 & \cdots & x_1x_n \\ x_2x_1 & 1+x_2^2 & \cdots & x_2x_n \\ & \cdots & \cdots & \\ x_nx_1 & x_nx_2 & \cdots & 1+x_n^2 \end{vmatrix}.$$

13. 证明:

$$(1)\ \begin{vmatrix} 1 & 1 & 1 & 1 \\ a & b & c & d \\ a^2 & b^2 & c^2 & d^2 \\ a^4 & b^4 & c^4 & d^4 \end{vmatrix} = (b-a)(c-a)(d-a)(c-b)(d-b)(d-c)(a+b+c+d);$$

(2) 设 $abcd = 1$, 证明:

$$\begin{vmatrix} a^2+\dfrac{1}{a^2} & a & \dfrac{1}{a} & 1 \\ b^2+\dfrac{1}{b^2} & b & \dfrac{1}{b} & 1 \\ c^2+\dfrac{1}{c^2} & c & \dfrac{1}{c} & 1 \\ d^2+\dfrac{1}{d^2} & d & \dfrac{1}{d} & 1 \end{vmatrix} = 0;$$

$$(3)\ \begin{vmatrix} x_0 & 1 & 1 & \cdots & 1 \\ 1 & x_1 & 0 & \cdots & 0 \\ 1 & 0 & x_2 & \cdots & 0 \\ \vdots & \vdots & \vdots & \cdots & \vdots \\ 1 & 0 & 0 & \cdots & x_n \end{vmatrix} = x_1x_2\cdots x_n\left(x_0 - \sum_{j=1}^{n}\frac{1}{x_j}\right);$$

$$(4)\ \begin{vmatrix} x+y & xy & 0 & \cdots & 0 \\ 1 & x+y & xy & \cdots & 0 \\ 0 & 1 & x+y & \cdots & 0 \\ \vdots & \vdots & \vdots & \cdots & \vdots \\ 0 & 0 & 0 & \cdots & x+y \end{vmatrix} = \frac{x^{n+1}-y^{n+1}}{x-y}.$$

14. 设

$$D = \begin{vmatrix} 1 & 2 & -2 & 4 \\ 2 & 2 & 2 & 2 \\ 1 & 4 & -3 & 5 \\ -1 & 4 & 2 & 7 \end{vmatrix},$$

A_{ij} 是元素 a_{ij} 的代数余子式,求 $A_{41} - A_{42} + A_{43} + A_{44}$.

15. 用克莱姆法则解下列方程组

$$(1)\begin{cases} x_1 - 2x_2 + x_3 = -2, \\ x_1 + x_2 - 2x_3 = 4, \\ -2x_1 + x_2 + 2x_3 = 1; \end{cases} \qquad (2)\begin{cases} 2x_1 - x_2 - x_3 = 4, \\ 3x_1 + 4x_2 - 2x_3 = 11, \\ 3x_1 - 2x_2 + 4x_3 = 11. \end{cases}$$

16. 若齐次线性方程组 $\begin{cases} x_1 + 2x_2 + x_3 = 0, \\ 2x_2 + 5x_3 = 0, \\ -3x_1 - 2x_2 + kx_3 = 0 \end{cases}$ 有非零解求 k 值.

17. a 为何值时下面方程组有唯一解?

$$\begin{cases} x_1 + 2ax_2 - 2x_3 = 4, \\ x_1 + 2x_2 - x_3 = 2, \\ x_1 + 2x_2 + x_3 = 1. \end{cases}$$

扫一扫，获取参考答案

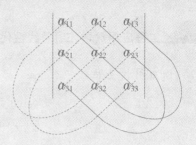

第 2 章 矩　阵

矩阵是线性代数中的一个重要的基本概念,本章首先介绍矩阵的概念,然后介绍矩阵的运算、逆矩阵、初等矩阵、初等变换以及方阵的行列式和矩阵秩等概念;研讨了矩阵标准形、矩阵可逆的充要条件;给出了用初等变换求一个可逆方阵的逆矩阵.

2.1　矩阵的概念及运算

2.1.1　矩阵的概念

在现实生活和科技领域中,人们不仅需要使用单个的数,往往还需要使用成批的数,这就需要把单个的数的概念推广到矩阵.

> **定义 2.1.1**　由 $m \times n$ 个数 $a_{ij}(i=1,2,\cdots,m; j=1,2,\cdots,n)$ 排成的 m 行 n 列矩形数表,称为 $m \times n$ 的**矩阵**,矩形数表外用圆括号(或方括号)括起来,记作
>
> $$A = \begin{bmatrix} a_{11} & a_{12} & \cdots & a_{1n} \\ a_{21} & a_{22} & \cdots & a_{2n} \\ \vdots & \vdots & & \vdots \\ a_{m1} & a_{m2} & \cdots & a_{mn} \end{bmatrix} \quad (2.1.1)$$
>
> 横的每排称为矩阵的行,纵的每排称为矩阵的列. a_{ij} 称为矩阵 A 的第 i 行第 j 列的元素, $a_{ii}(i=1,2,\cdots,n)$ 称为矩阵 A 的主对角元素,矩阵 A 又可以记为 (a_{ij}), $(a_{ij})_{m \times n}$ 或者 $A_{m \times n}$. 通常用大写字母 $A,B,C,\cdots$ 来表示矩阵.

例如线性方程组

$$\begin{cases} a_{11}x_1 + a_{12}x_2 + \cdots + a_{1n}x_n = b_1, \\ a_{21}x_1 + a_{22}x_2 + \cdots + a_{2n}x_n = b_2, \\ \cdots\cdots\cdots\cdots\cdots\cdots\cdots\cdots\cdots \\ a_{m1}x_1 + a_{m2}x_2 + \cdots + a_{mn}x_n = b_m. \end{cases}$$

未知量的系数按原来的次序就构成一个 $m \times n$ 的矩阵

$$A = \begin{pmatrix} a_{11} & a_{12} & \cdots & a_{1n} \\ a_{21} & a_{22} & \cdots & a_{2n} \\ \vdots & \vdots & & \vdots \\ a_{m1} & a_{m2} & \cdots & a_{mn} \end{pmatrix}.$$

元素均是实数的矩阵称为实矩阵,元素均是复数的矩阵称为复矩阵,本书只讨论实矩阵. 对于矩阵有如下几种特殊的情况:

(1)当 $m = n$ 时,矩阵 A 称为 n 阶**方阵**;

(2)当 $m = 1$ 时,矩阵 A 称为**行矩阵**,又称为**行向量**,此时

$$A = (a_{11} \quad a_{12} \quad \cdots \quad a_{1n}).$$

(3)当 $n = 1$ 时,矩阵 A 称为**列矩阵**,又称为**列向量**,此时

$$A = \begin{pmatrix} a_{11} \\ a_{21} \\ \vdots \\ a_{m1} \end{pmatrix}.$$

一般对于行向量和列向量我们常用希腊字母 $\alpha, \beta, \gamma, \cdots$ 来表示.

对于一个 $A = (a_{ij})_{m \times n}$,有时候也可写成 $A = \begin{pmatrix} \alpha_1 \\ \alpha_2 \\ \vdots \\ \alpha_m \end{pmatrix}$,这里的 α_i 表示矩阵

A 的第 i 行的行向量,或 $A = (\beta_1 \quad \beta_2 \quad \cdots \quad \beta_n)$,这里的 β_j 表示矩阵 A 的第 j 列的列向量.

在利用矩阵解决问题时,经常会遇到以下一些特殊的矩阵:

零矩阵：当 $a_{ij} = 0 (i = 1, 2, \cdots, m; j = 1, 2, \cdots, n)$ 时，称 A 为零矩阵，一般记为 $O_{m \times n}$ 或 O.

对角矩阵：对于 n 阶方阵 A，若 $a_{ij} = 0 (i \neq j)$ 但 $a_{ii} \neq 0 (i = 1, 2, \cdots, n)$，则称 A 为对角矩阵，一般记为 Λ，即 $\Lambda = \begin{pmatrix} a_{11} & & & \\ & a_{22} & & \\ & & \ddots & \\ & & & a_{nn} \end{pmatrix}$.

数量矩阵：若对角矩阵 A 的主对角线上的元素均等于 a，即 $a_{11} = a_{22} = \cdots = a_{nn} = a$，则称 A 为数量矩阵，即 $A = \begin{pmatrix} a & & & \\ & a & & \\ & & \ddots & \\ & & & a \end{pmatrix}$.

单位矩阵：主对角线上元素全为 1 的 n 阶数量矩阵，称为 n 阶单位矩阵，记为 E_n 或 E，即 $E = \begin{pmatrix} 1 & & & \\ & 1 & & \\ & & \ddots & \\ & & & 1 \end{pmatrix}$.

三角矩阵：形如 $\begin{pmatrix} a_{11} & a_{12} & \cdots & a_{1n} \\ & a_{22} & \cdots & a_{2n} \\ & & \ddots & \vdots \\ & & & a_{nn} \end{pmatrix}$ 称为上三角矩阵，形如

$\begin{pmatrix} a_{11} & & \\ a_{21} & a_{22} & \\ \vdots & \vdots & \ddots \\ a_{n1} & & a_{nn} \end{pmatrix}$ 称为下三角矩阵.

上、下三角矩阵统称为三角矩阵.

2.1.2　矩阵的运算

> **定义 2.1.2**　如果矩阵 A 和矩阵 B 的行数、列数均相等,则称 A 与 B 为同型矩阵.
>
> **定义 2.1.3**　如果矩阵 $A = (a_{ij})$ 和 $B = (b_{ij})$ 是同型矩阵,且对应的元素相等,即 $a_{ij} = b_{ij}(i = 1,2,\cdots,m; j = 1,2,\cdots,n)$,则称矩阵 A 和矩阵 B **相等**,记为 $A = B$.
>
> **定义 2.1.4**　如果矩阵 $A = (a_{ij})$ 和 $B = (b_{ij})$ 是同型矩阵,将矩阵 A 和矩阵 B 对应元素相加得到矩阵 C,称为矩阵 A 和矩阵 B 的**和**,记为 $C = A + B$,其中
>
> $$C = (c_{ij}), c_{ij} = a_{ij} + b_{ij}(i = 1,2,\cdots,m; j = 1,2,\cdots,n). \tag{2.1.2}$$

根据以上的定义容易验证矩阵的加法具有如下的性质.

> **性质 2.1.1**　设矩阵 A、B、C 和 O 是同型矩阵,则
>
> (1) $A + B = B + A$;
>
> (2) $(A + B) + C = A + (B + C)$;
>
> (3) $A + O = A$.

> **定义 2.1.5**　设矩阵 $A = (a_{ij})$,称矩阵 $(-a_{ij})$ 为矩阵 A 的**负矩阵**,记为 $-A$.

利用矩阵的加法和负矩阵的概念可以定义矩阵的减法.

> **定义 2.1.6**　设矩阵 $A = (a_{ij})$ 和 $B = (b_{ij})$ 是同型矩阵,则
>
> $$A - B = A + (-B) = (a_{ij} - b_{ij}) \tag{2.1.3}$$

显然 $A - A = A + (-A) = O$.

> **定义 2.1.7**　设 k 是一个实数,矩阵 $A = (a_{ij})$,称矩阵 (ka_{ij}) 为矩阵 A 与实数 k 的**数量乘积**,简称为**数乘**,记作 kA.

根据矩阵数乘的定义,容易验证矩阵的数乘运算具有如下的性质.

性质 2.1.2 设矩阵 A 和 B 是同型矩阵,k,l 是任意的实数,则

(1) $(k+l)A = kA + lA$;

(2) $k(A+B) = kA + kB$;

(3) $k(lA) = (kl)A$;

(4) $1 \cdot A = A$.

矩阵的加法与数乘运算统称为矩阵的线性运算.

例 2.1.1 设 $A = \begin{bmatrix} 2 & -3 \\ -1 & 1 \end{bmatrix}, B = \begin{bmatrix} -1 & -2 \\ 3 & 2 \end{bmatrix}$, 求 $3A - 2B$.

解 $3A - 2B = 3\begin{bmatrix} 2 & -3 \\ -1 & 1 \end{bmatrix} - 2\begin{bmatrix} -1 & -2 \\ 3 & 2 \end{bmatrix} = \begin{bmatrix} 8 & -5 \\ -9 & -1 \end{bmatrix}$.

定义 2.1.8 设矩阵 $A = (a_{ij})_{m \times s}$,$B = (b_{ij})_{s \times n}$,作矩阵 $C = (c_{ij})_{m \times n}$,其中

$$c_{ij} = a_{i1}b_{1j} + a_{i2}b_{2j} + \cdots + a_{is}b_{sj} = \sum_{k=1}^{s} a_{ik}b_{kj}. \tag{2.1.4}$$

称矩阵 C 为矩阵 A 与矩阵 B 的乘积,记作 $C = AB$,即

$$\begin{bmatrix} c_{11} & c_{12} & \cdots & c_{1n} \\ c_{21} & c_{22} & \cdots & c_{2n} \\ \vdots & \vdots & & \vdots \\ c_{m1} & c_{m2} & \cdots & c_{mn} \end{bmatrix} = \begin{bmatrix} a_{11} & a_{12} & \cdots & a_{1s} \\ a_{21} & a_{22} & \cdots & a_{2s} \\ \vdots & \vdots & & \vdots \\ a_{m1} & a_{m2} & \cdots & a_{ms} \end{bmatrix} \begin{bmatrix} b_{11} & b_{12} & \cdots & b_{1n} \\ b_{21} & b_{22} & \cdots & b_{2n} \\ \vdots & \vdots & & \vdots \\ b_{s1} & b_{s2} & \cdots & b_{sn} \end{bmatrix}$$

$$= \begin{bmatrix} a_{11}b_{11}+a_{12}b_{21}+\cdots+a_{1s}b_{s1} & a_{11}b_{12}+a_{12}b_{22}+\cdots+a_{1s}b_{s2} & \cdots & a_{11}b_{1n}+a_{12}b_{2n}+\cdots+a_{1s}b_{sn} \\ a_{21}b_{11}+a_{22}b_{21}+\cdots+a_{2s}b_{s1} & a_{21}b_{12}+a_{22}b_{22}+\cdots+a_{2s}b_{s2} & \cdots & a_{21}b_{1n}+a_{22}b_{2n}+\cdots+a_{2s}b_{sn} \\ \vdots & \vdots & & \vdots \\ a_{m1}b_{11}+a_{m2}b_{21}+\cdots+a_{ms}b_{s1} & a_{m1}b_{12}+a_{m2}b_{22}+\cdots+a_{ms}b_{s2} & \cdots & a_{m1}b_{1n}+a_{m2}b_{2n}+\cdots+a_{ms}b_{sn} \end{bmatrix}.$$

在使用矩阵的乘法时,要注意以下一些规则.

注意:(1)只有当左边的矩阵 A 的列数与右边矩阵 B 的行数相同时,A 与 B 才能够相乘或 AB 有意义,简称为**行乘列的规则**;

(2) AB 仍是矩阵,它的行数等于 A 的行数,它的列数等于 B 的列数;

(3)乘积矩阵 C 的第 i 行第 j 列的元素 c_{ij} 等于左边矩阵 A 的第 i 行与右

边矩阵 B 的第 j 列对应元素乘积之和.

◆例 **2.1.2** 设 $A = \begin{pmatrix} 1 & -1 \\ 2 & 1 \\ 0 & 3 \end{pmatrix}, B = \begin{pmatrix} 2 & -1 \\ 1 & 1 \end{pmatrix}$，求 AB.

解 $AB = \begin{pmatrix} 1 & -1 \\ 2 & 1 \\ 0 & 3 \end{pmatrix} \begin{pmatrix} 2 & -1 \\ 1 & 1 \end{pmatrix} = \begin{pmatrix} 1 & -2 \\ 5 & -1 \\ 3 & 3 \end{pmatrix}$.

◆例 **2.1.3** 设 $A = \begin{pmatrix} 1 \\ 1 \\ -1 \end{pmatrix}, B = (2 \quad -1 \quad 3)$，求 AB 与 BA.

解 $AB = \begin{pmatrix} 1 \\ 1 \\ -1 \end{pmatrix} (2 \quad -1 \quad 3) = \begin{pmatrix} 2 & -1 & 3 \\ 2 & -1 & 3 \\ -2 & 1 & -3 \end{pmatrix}$,

但 $BA = (2 \quad -1 \quad 3) \begin{pmatrix} 1 \\ 1 \\ -1 \end{pmatrix} = 2 \times 1 + (-1) \times 1 + 3 \times (-1) = -2$.

◆例 **2.1.4** 设 $A = \begin{pmatrix} 2 & 1 \\ -4 & -2 \end{pmatrix}, B = \begin{pmatrix} 1 & -1 \\ -2 & 2 \end{pmatrix}$，求 AB 与 BA.

解 $AB = \begin{pmatrix} 2 & 1 \\ -4 & -2 \end{pmatrix} \begin{pmatrix} 1 & -1 \\ -2 & 2 \end{pmatrix} = \begin{pmatrix} 0 & 0 \\ 0 & 0 \end{pmatrix}$;

但 $BA = \begin{pmatrix} 1 & -1 \\ -2 & 2 \end{pmatrix} \begin{pmatrix} 2 & 1 \\ -4 & -2 \end{pmatrix} = \begin{pmatrix} 6 & 3 \\ -12 & -6 \end{pmatrix}$.

◆例 **2.1.5** 设 $A = \begin{pmatrix} -2 & 4 \\ 1 & -2 \end{pmatrix}, B = \begin{pmatrix} 1 & 4 \\ 1 & 0 \end{pmatrix}, C = \begin{pmatrix} -1 & -6 \\ 0 & -5 \end{pmatrix}$，求 AB 与 AC.

解 $AB = \begin{pmatrix} -2 & 4 \\ 1 & -2 \end{pmatrix} \begin{pmatrix} 1 & 4 \\ 1 & 0 \end{pmatrix} = \begin{pmatrix} 2 & -8 \\ -1 & 4 \end{pmatrix}$,

$AC = \begin{pmatrix} -2 & 4 \\ 1 & -2 \end{pmatrix} \begin{pmatrix} -1 & -6 \\ 0 & -5 \end{pmatrix} = \begin{pmatrix} 2 & -8 \\ -1 & 4 \end{pmatrix}$.

◆例 **2.1.6** 设 $A = \begin{pmatrix} 1 & 0 \\ -3 & -2 \\ 2 & 1 \end{pmatrix}$，求 $E_3 A, A E_2$.

解　$E_3 A = \begin{pmatrix} 1 & 0 & 0 \\ 0 & 1 & 0 \\ 0 & 0 & 1 \end{pmatrix} \begin{pmatrix} 1 & 0 \\ -3 & -2 \\ 2 & 1 \end{pmatrix} = \begin{pmatrix} 1 & 0 \\ -3 & -2 \\ 2 & 1 \end{pmatrix},$

$$AE_2 = \begin{pmatrix} 1 & 0 \\ -3 & -2 \\ 2 & 1 \end{pmatrix} \begin{pmatrix} 1 & 0 \\ 0 & 1 \end{pmatrix} = \begin{pmatrix} 1 & 0 \\ -3 & -2 \\ 2 & 1 \end{pmatrix}.$$

从以上 5 个例子可以看出矩阵的乘法具有如下的特点：

(1)矩阵的乘法不满足交换律,即当 AB 有意义时, BA 未必有意义,即使 BA 有意义, AB 与 BA 未必相等;

(2)两个非零矩阵的乘积可能为零,所以一般情况下 $AB = 0$ 推不出 $A = 0$ 或 $B = 0$,当 $A \neq O, B \neq O$ 且 $AB = O$,称矩阵 A 是矩阵 B 的**左零化子**,矩阵 B 是矩阵 A 的**右零化子**;

(3)矩阵的乘法消去律也不成立,也就是说当 $A \neq 0$ 但 $AB = AC$ 未必能够推出 $B = C$;

(4)单位矩阵 E_n 在矩阵乘法中的作用类似于数 1 在数的乘法中的作用,即 $A_{m \times n} E_n = E_m A_{m \times n} = A_{m \times n}$.

但矩阵的加法、数乘和乘法还满足如下的运算规律：

(1)结合律 $(AB)C = A(BC)$;

(2)数乘结合律 $\lambda(AB) = (\lambda A)B = A(\lambda B)$;

(3)左乘分配律 $A(B+C) = AB + AC$;

　　右乘分配律 $(B+C)D = BD + CD$.

2.1.3　矩阵的多项式

对于 n 阶方阵还可以定义乘幂运算.

> **定义 2.1.9**　设 A 是 n 阶方阵, m 是正整数,则规定
> $$A^1 = A, A^2 = AA, A^m = A^{m-1}A = AA^{m-1} \qquad (2.1.5)$$
> 称 A^m 为方阵 A 的 m **次幂**,并规定方阵 A 的 0 次幂为单位矩阵 E_n,即 $A^0 = E_n$.

对于矩阵的方幂显然有如下的性质：

(1) $A^k A^l = A^l A^k = A^{k+l}$ ；

(2) $(A^k)^l = (A^l)^k = A^{kl}$ ；

(3)由于矩阵的乘法不满足交换律，因此一般地 $(AB)^k \neq A^k B^k$（ k 为正整数），但当 $AB = BA$ 时有 $(AB)^k = A^k B^k$.

定义 2.1.10 设 A 是 n 阶方阵，$f(x) = a_m x^m + a_{m-1} x^{m-1} + \cdots + a_1 x + a_0$ 是 x 的 m 次多项式，称

$$f(A) = a_m A^m + a_{m-1} A^{m-1} + \cdots + a_1 A + a_0 E_n \qquad (2.1.6)$$

为方阵 A 的 m 次多项式.

例 2.1.7 设 $A = \begin{bmatrix} 1 & \lambda \\ 0 & 1 \end{bmatrix}$，$\lambda \neq 0$，求 A^n，n 是正整数.

解 $A = \begin{bmatrix} 1 & \lambda \\ 0 & 1 \end{bmatrix} = \begin{bmatrix} 1 & 0 \\ 0 & 1 \end{bmatrix} + \begin{bmatrix} 0 & \lambda \\ 0 & 0 \end{bmatrix} = E_2 + B$，其中 $B = \begin{bmatrix} 0 & \lambda \\ 0 & 0 \end{bmatrix}$，显然

$B^2 = \begin{bmatrix} 0 & \lambda \\ 0 & 0 \end{bmatrix} \begin{bmatrix} 0 & \lambda \\ 0 & 0 \end{bmatrix} = \begin{bmatrix} 0 & 0 \\ 0 & 0 \end{bmatrix}$，从而当 $n \geqslant 2$ 时，均有 $B^n = \begin{bmatrix} 0 & 0 \\ 0 & 0 \end{bmatrix}$，此

外 $EB = BE = B$.

这样可以利用二项式展开定理得：

$$A^n = (E + B)^n = E^n + n E^{n-1} B + \cdots + B^n = E + nB$$

$$= \begin{bmatrix} 1 & 0 \\ 0 & 1 \end{bmatrix} + \begin{bmatrix} 0 & n\lambda \\ 0 & 0 \end{bmatrix} = \begin{bmatrix} 1 & n\lambda \\ 0 & 1 \end{bmatrix}.$$

例 2.1.8 设 $A = \begin{bmatrix} 1 \\ 1 \\ -1 \end{bmatrix}$，$B = (2 \quad -1 \quad 3)$，$f(x) = 2x^2 - x + 3$，

求 $(AB)^n$ 和 $f(AB)$.

解 利用矩阵乘法的结合律和例 2.1.3 的结论可得

$$(AB)^n = (AB)(AB)\cdots(AB) = A(BA)(BA)\cdots(BA)B$$

$$= A(BA)^{n-1} B = A(-2)^{n-1} B = (-2)^{n-1} AB$$

$$= (-2)^{n-1} \begin{bmatrix} 2 & -1 & 3 \\ 2 & -1 & 3 \\ -2 & 1 & -3 \end{bmatrix},$$

从而 $f(AB) = 2(AB)^2 - AB + 3E = -5AB + 3E = \begin{pmatrix} -7 & 5 & -15 \\ -10 & 8 & -15 \\ 10 & -5 & 18 \end{pmatrix}.$

2.1.4 矩阵的转置

定义 2.1.11 把一个 $m \times n$ 的矩阵 A 的行与列全部依次互换所得的 $n \times m$ 矩阵,称为矩阵 A 的**转置**,记作 A^T.

例如:矩阵 $A = \begin{pmatrix} 1 & -2 & 2 \\ -1 & 3 & 5 \end{pmatrix}$ 的转置矩阵 $A^T = \begin{pmatrix} 1 & -1 \\ -2 & 3 \\ 2 & 5 \end{pmatrix}.$

转置矩阵具有如下的运算规则(假设其中的运算都是可行的).

(1) $(A^T)^T = A$;

(2) $(A+B)^T = A^T + B^T$;

(3) $(kA)^T = kA^T$, k 是任意实数;

(4) $(AB)^T = B^T A^T$, 该结果可以推广到多个 $(A_1 A_2 \cdots A_k)^T = A_k^T \cdots A_2^T A_1^T$.

例 2.1.9 设 $A = \begin{pmatrix} 1 & 0 & 1 \\ -1 & 2 & -1 \\ 0 & 1 & 3 \end{pmatrix}$, $B = \begin{pmatrix} 2 & 0 \\ 1 & 1 \\ -1 & 2 \end{pmatrix}$, 求 $(AB)^T$ 和 $B^T A^T$.

解 容易计算 $AB = \begin{pmatrix} 1 & 0 & 1 \\ -1 & 2 & -1 \\ 0 & 1 & 3 \end{pmatrix} \begin{pmatrix} 2 & 0 \\ 1 & 1 \\ -1 & 2 \end{pmatrix} = \begin{pmatrix} 1 & 2 \\ 1 & 0 \\ -2 & 7 \end{pmatrix}$,

所以 $(AB)^T = \begin{pmatrix} 1 & 1 & -2 \\ 2 & 0 & 7 \end{pmatrix}.$

此外 $A^T = \begin{pmatrix} 1 & -1 & 0 \\ 0 & 2 & 1 \\ 1 & -1 & 3 \end{pmatrix}$, $B^T = \begin{pmatrix} 2 & 1 & -1 \\ 0 & 1 & 2 \end{pmatrix}$, $B^T A^T = \begin{pmatrix} 1 & 1 & -2 \\ 2 & 0 & 7 \end{pmatrix}$,

从而可见 $(AB)^T = B^T A^T$.

> **定义 2.1.12** 若一个 n 阶方阵 $A = (a_{ij})$ 满足 $A^T = A$, 则称 A 为**对称矩阵**, 满足 $A^T = -A$, 则称 A 为**反对称矩阵**.

对称矩阵、反对称矩阵是两种重要的特殊矩阵, 且容易验证对称矩阵其元素关于主对角线对称, 即 $a_{ij} = a_{ji} (i \neq j)$, 反对称矩阵其主对角线上的

元素全为零, 即 $a_{ii} = 0$. 例如矩阵 $A = \begin{bmatrix} 1 & 2 & -1 \\ 2 & 3 & 1 \\ -1 & 1 & -4 \end{bmatrix}$ 就是 3 阶对称矩阵,

而 $B = \begin{bmatrix} 0 & -1 & 2 \\ 1 & 0 & -3 \\ -2 & 3 & 0 \end{bmatrix}$ 就是 3 阶反对称矩阵.

2.1.5　方阵的行列式

由于方阵的特点是行数和列数相等, 故可以建立方阵行列式的概念.

> **定义 2.1.13** 设 A 是 n 阶方阵, 由 A 的元素按照原来的位置构成的 n 阶行列式, 称为 n 阶方阵 A 的行列式, 记作 $|A|$ 或 $\det A$. 即
>
> 设 $A = \begin{bmatrix} a_{11} & a_{12} & \cdots & a_{1n} \\ a_{21} & a_{22} & \cdots & a_{2n} \\ \vdots & \vdots & & \vdots \\ a_{n1} & a_{n2} & \cdots & a_{nn} \end{bmatrix},$
>
> 则 $|A| = \det A = \begin{vmatrix} a_{11} & a_{12} & \cdots & a_{1n} \\ a_{21} & a_{22} & \cdots & a_{2n} \\ \vdots & \vdots & & \vdots \\ a_{n1} & a_{n2} & \cdots & a_{nn} \end{vmatrix}.$

根据矩阵的数乘运算和行列式的性质 1.4.2, 对于 n 阶方阵 A 的行列式有 $|kA| = k^n |A|$. 此外对于方阵的乘法还有如下重要的行列式定理.

> **定理 2.1.1**　设 A,B 均是 n 阶方阵,则 $|AB|=|A||B|$.

本定理的证明较繁琐,这里略去,举例验证其正确性.

显然定理 2.1.1 可以推广到多个 n 阶方阵乘积形式.

推论　设 $A_1,A_2,\cdots,A_n$ 均是 n 阶方阵,则
$$|A_1A_2\cdots A_n|=|A_1||A_2|\cdots|A_n|.$$

例 2.1.10　设 $A=\begin{pmatrix}2 & -1 \\ 3 & 1\end{pmatrix}, B=\begin{pmatrix}1 & 2 \\ -1 & 1\end{pmatrix}$,

验证 $|AB|=|A||B|$.

验证 $AB=\begin{pmatrix}2 & -1 \\ 3 & 1\end{pmatrix}\begin{pmatrix}1 & 2 \\ -1 & 1\end{pmatrix}=\begin{pmatrix}3 & 3 \\ 2 & 7\end{pmatrix}$,

所以 $|AB|=\begin{vmatrix}3 & 3 \\ 2 & 7\end{vmatrix}=15$;

另一方面 $|A||B|=\begin{vmatrix}2 & -1 \\ 3 & 1\end{vmatrix}\begin{vmatrix}1 & 2 \\ -1 & 1\end{vmatrix}=5\times3=15.$

例 2.1.11　证明奇数阶反对称矩阵 n 阶方阵 A 的行列式 $\det A=0$.

证明　由于 A 反对称,从而 $A^T=-A$,所以
$$\det A=\det(A^T)=\det(-A)=(-1)^n\det A$$
又由于 A 是奇数阶矩阵,所以有 $\det A=-\det A$,因此有 $\det A=0$.

2.2　矩阵的秩和逆矩阵

2.2.1　矩阵的秩

矩阵的秩是反映矩阵特征的重要量之一,为了建立矩阵秩的概念,首先给出矩阵主子式的定义.

定义 2.2.1　设 $A=(a_{ij})_{m\times n}$ 是一个 $m\times n$ 矩阵,在 A 中任意取 k 行 $(i_1,i_2,\cdots,i_k)$ 和 k 列 $(j_1,j_2,\cdots,j_k)$,位于这些行列相交处的元素,按照它们原来的次序组成一个 $k\times k$ 阶的行列式,

$$\begin{vmatrix} a_{i_1j_1} & a_{i_1j_2} & \cdots & a_{i_1j_k} \\ a_{i_2j_1} & a_{i_2j_2} & \cdots & a_{i_2j_k} \\ \vdots & \vdots & & \vdots \\ a_{i_kj_1} & a_{i_kj_2} & \cdots & a_{i_kj_k} \end{vmatrix} \qquad (2.2.1)$$

称为矩阵 A 的一个 $k(k\leqslant\min\{m,n\})$ 阶子式. 若式(2.2.1)等于零,称其为 k **阶零子式**,若式(2.2.1)不等于零,称其为 k **阶非零子式**,当 $i_1=j_1,i_2=j_2,\cdots,i_k=j_k$ 时,称其为 A 的 k **阶主子式**.

显然 n 阶方阵只有一个 n 阶子式,就是该矩阵的行列式. 一般一个 $m\times n$ 矩阵 A 的 $k(k\leqslant\min\{m,n\})$ 阶子式共有 $C_m^k C_n^k$ 个. 对于任何一个 $m\times n$ 矩阵 A,我们关注最高阶且不等于零的子式. 由于零矩阵的所有子式全为零,故规定零矩阵的秩为零.

定义 2.2.2　矩阵 A 中的非零子式的最高阶数称为**矩阵 A 的秩**,记作秩 (A) 或 $r(A)$. 如果一个 n 阶方阵 A 的秩等于 n,称 A 为满秩矩阵,否则称 A 为降秩矩阵.

例 2.2.1　求矩阵 $A=\begin{pmatrix} 1 & 0 & 1 \\ 1 & -1 & 0 \\ -2 & 1 & -1 \\ 3 & -2 & 1 \end{pmatrix}$ 的秩 $r(A)$.

解　由于 A 有一个二阶子式 $\begin{vmatrix} 1 & 0 \\ 1 & -1 \end{vmatrix}=-1\neq0$,但 A 的 4 个三阶子式全为零. 即

$$\begin{vmatrix} 1 & 0 & 1 \\ 1 & -1 & 0 \\ -2 & 1 & -1 \end{vmatrix}=0,\begin{vmatrix} 1 & 0 & 1 \\ 1 & -1 & 0 \\ 3 & -2 & 1 \end{vmatrix}=0$$

$$\begin{vmatrix} 1 & 0 & 1 \\ -2 & 1 & -1 \\ 3 & -2 & 1 \end{vmatrix} = 0, \quad \begin{vmatrix} 1 & -1 & 0 \\ -2 & 1 & -1 \\ 3 & -2 & 1 \end{vmatrix} = 0.$$

由定义 2.2.2 可知 $r(A) = 2$.

矩阵的秩还有如下一个重要的定理：

> **定理 2.2.1**　一个 $m \times n$ 矩阵 A 的秩 $r(A) = r$ 的充要条件是 A 存在一个 r 阶非零子式,但 A 的所有 $r+1$ 阶子式全等于零.

对于矩阵的秩,一般具有如下一些基本的性质.

> **性质 2.2.1**　$m \times n$ 矩阵 A 的秩 $r(A) = r$,则有
>
> (1) $0 \leqslant r(A) = r \leqslant \min\{m, n\}$；
>
> (2) $r(A^T) = r(A)$；
>
> (3) $\max\{r(A), r(B)\} \leqslant r(A \mid B)$；
>
> (4) $\max\{r(A), r(B)\} \leqslant r\begin{bmatrix} A \\ B \end{bmatrix}$；
>
> (5) $r(AB) \leqslant \min\{r(A), r(B)\}$.

证明　性质(1)和(2)利用定义很容易验证,只证明性质(3),(4)可以类似验证.

由于矩阵 A 的最高阶非零子式总是 $(A \mid B)$ 的非零子式,所以必有

$$r(A) \leqslant r(A \mid B).$$

同理可证

$$r(B) \leqslant r(A \mid B).$$

从而

$$\max\{r(A), r(B)\} \leqslant r(A \mid B).$$

(5)式的证明将在第 3 章的 3.2 节给出.

用定义法求矩阵 A 的秩对于低阶矩阵是方便的,但对于高阶矩阵,计算量是很大的.对于高阶矩阵的秩将在本章第三节介绍用矩阵的初等变换法求秩.

2.2.2　逆矩阵的定义

在矩阵的乘法中我们知道,如果矩阵 A、B 满足乘法法则可以求出一个矩阵 C,使得 $C = AB$. 现在假如已知矩阵 A、C 能否求一个矩阵 X,使得 $AX = C$. 为此首先讨论最简单的情形,即矩阵 A 为 n 阶方阵,是否存在 n 阶方阵 B 满足 $AB = E$?

定义 2.2.3　设 A 是一个 n 阶方阵,如果存在 n 阶方阵 B,满足
$$AB = BA = E \qquad\qquad (2.2.2)$$
则称方阵 A 是可逆的(简称 A 可逆),并把方阵 B 称为 A 的逆矩阵(简称为 A 的逆矩阵或 A 的逆),记作 $B = A^{-1}$.

例 2.2.2　设 $A = \begin{bmatrix} 3 & 1 \\ 2 & 1 \end{bmatrix}, B = \begin{bmatrix} 1 & -1 \\ -2 & 3 \end{bmatrix}$,容易验证

$AB = BA = \begin{bmatrix} 1 & 0 \\ 0 & 1 \end{bmatrix}$,故矩阵 B 是矩阵 A 的逆矩阵.

2.2.3　逆矩阵的性质

n 阶方阵如果可逆则其具有如下的一些性质:

性质 2.2.2　若 n 阶方阵 A 可逆,则 A^{-1} 是唯一的.

证明　假设 B_1, B_2 均是 A 的逆矩阵,有
$$B_1 = B_1 E = B_1 (AB_2) = (B_1 A) B_2 = B_2$$
故 A 的逆矩阵唯一.

性质 2.2.3　若 n 阶方阵 A 可逆,则 A^{-1} 也可逆且 $(A^{-1})^{-1} = A$.

性质 2.2.4　若 n 阶方阵 A 可逆,则 A^T 也可逆且 $(A^T)^{-1} = (A^{-1})^T$.

性质 2.2.5　若 n 阶方阵 A 可逆,k 是一个非零的数,则 kA 也可逆且 $(kA)^{-1} = \dfrac{1}{k} A^{-1}$.

性质 2.2.6　若 n 阶方阵 A 可逆则 $\det A \neq 0$,且 $\det(A^{-1}) = (\det A)^{-1} = \dfrac{1}{\det A}$.

证明　性质 2.2.3、性质 2.2.4 和性质 2.2.5 均容易利用定义证明，下面只证明性质 2.2.6.

由于 A 可逆，所以存在 A^{-1} 满足 $AA^{-1} = E$，所以

$$\det(AA^{-1}) = \det A \det(A^{-1}) = \det E = 1$$

所以 $\det(A) \neq 0$，且

$$\det(A^{-1}) = (\det A)^{-1} = \frac{1}{\det A}.$$

> **性质 2.2.7**　设 A，B 均是 n 阶可逆方阵，则 AB 也可逆，且 $(AB)^{-1} = B^{-1}A^{-1}$.

证明　由于 A，B 均可逆，所以 A^{-1} 和 B^{-1} 均存在，又因为

$$(AB)B^{-1}A^{-1} = A(BB^{-1})A^{-1} = AEA^{-1} = AA^{-1} = E$$

且

$$B^{-1}A^{-1}(AB) = B^{-1}(A^{-1}A)B = B^{-1}EB = B^{-1}B = E$$

由定义知 AB 可逆，且 $(AB)^{-1} = B^{-1}A^{-1}$.

该性质还可以推广到多个矩阵的乘积.

推论　设 $A_1, A_2, \cdots, A_k$ 均是 n 阶可逆方阵，则 $A_1 A_2 \cdots A_k$ 可逆，且

$$(A_1 A_2 \cdots A_k)^{-1} = A_k^{-1} \cdots A_2^{-1} A_1^{-1}$$

特别的当 $A_1 = A_2 = \cdots = A_k = A$ 时，有 $(A^k)^{-1} = (A^{-1})^k$.

例 2.2.3　已知 A 是 3 阶可逆方阵，若 $|A| = 4$，则 $\left| \left(\frac{1}{2} A \right)^{-1} \right| = \underline{\quad 2 \quad}$.

2.2.4　逆矩阵的求法

从性质 2.2.6 知如果方阵 A 可逆则 $\det A \neq 0$；那么反过来是否成立呢？为了回答这个问题，我们首先引入伴随矩阵的概念.

定义 2.2.4 设 n 阶方阵

$$A = \begin{pmatrix} a_{11} & a_{12} & \cdots & a_{1n} \\ a_{21} & a_{22} & \cdots & a_{2n} \\ \vdots & \vdots & & \vdots \\ a_{n1} & a_{n2} & \cdots & a_{nn} \end{pmatrix}$$

由 A 的行列式 $\det A$ 的元素 a_{ij} 的代数余子式 A_{ij} 所构成的 n 阶方阵

$$A^* = \begin{pmatrix} A_{11} & A_{21} & \cdots & A_{n1} \\ A_{12} & A_{22} & \cdots & A_{n2} \\ \vdots & \vdots & & \vdots \\ A_{1n} & A_{2n} & \cdots & A_{nn} \end{pmatrix}$$

称为矩阵 A 的**伴随矩阵**,记作 A^*.

根据行列式的展开式(1.4.3)和式(1.4.4)我们容易得到如下的定理:

定理 2.2.2 设 n 阶方阵 A,如果 $\det A \neq 0$,则 A 可逆,且

$$A^{-1} = \frac{1}{\det A} A^* .$$

证明 分别记 A 和 A^* 如下:

$$A = \begin{pmatrix} a_{11} & a_{12} & \cdots & a_{1n} \\ a_{21} & a_{22} & \cdots & a_{2n} \\ \vdots & \vdots & & \vdots \\ a_{n1} & a_{n2} & \cdots & a_{nn} \end{pmatrix} \text{ 和 } A^* = \begin{pmatrix} A_{11} & A_{21} & \cdots & A_{n1} \\ A_{12} & A_{22} & \cdots & A_{n2} \\ \vdots & \vdots & & \vdots \\ A_{1n} & A_{2n} & \cdots & A_{nn} \end{pmatrix},$$

利用展开式(1.4.3)可得

$$A A^* = \begin{pmatrix} \det A & & & \\ & \det A & & \\ & & \ddots & \\ & & & \det A \end{pmatrix} = \det A \cdot E ,$$

同理可证 $A^* A = \begin{pmatrix} \det A & & & \\ & \det A & & \\ & & \ddots & \\ & & & \det A \end{pmatrix} = \det A \cdot E.$

从而有

$$AA^* = A^* A = \det A \cdot E, \qquad (2.2.3)$$

又因为 $\det A \neq 0$, 则从式(2.2.3)可得

$$A\left(\frac{1}{\det A}A^*\right) = \left(\frac{1}{\det A}A^*\right)A = E,$$

所以矩阵 A 可逆, 按照逆矩阵的定义 2.2.3, 有

$$A^{-1} = \frac{1}{\det A}A^*.$$

> **定义 2.2.5** 对于 n 阶方阵 A, 如果 $\det A \neq 0$, 则称 A 是非奇异矩阵, 又称为非退化的, 否则, 称 A 是奇异矩阵.

根据性质 2.2.6 和定理 2.2.2 可以知道 n 阶方阵 A 可逆的充要条件是 $\det A \neq 0$, 即矩阵 A 是非退化的.

定理 2.2.2 不仅给出了判断一个方阵是否可逆的方法, 还给出了一个求逆矩阵的方法——伴随矩阵法, 下面给出一个判别矩阵是否可逆的另一简单的方法.

> **定理 2.2.3** 设 A 与 B 均是 n 阶方阵, 若 $AB = E$ 或 $BA = E$, 则 A 与 B 均可逆, 并且 $A^{-1} = B$ 且 $B^{-1} = A$.

证明 因为 $AB = E$, 所以

$$\det(AB) = \det A \det B = \det E = 1,$$

从而 $\det A \neq 0$, 即矩阵 A 可逆.

此外

$$B = EB = (A^{-1}A)B = A^{-1}(AB) = A^{-1}E = A^{-1},$$

同理可证 $B^{-1} = A$.

本定理说明, 要想证明矩阵 A 可逆, 只要找到一个矩阵 B, 验证 $AB = E$ 与 $BA = E$ 之一成立就可以了.

例 2.2.4 设

$$A = \begin{pmatrix} 2 & 3 & 3 \\ 1 & -1 & 0 \\ -1 & 2 & 1 \end{pmatrix},$$

判别 A 是否可逆? 若可逆, 求 A^{-1}.

解 因为

$$\det A = \begin{vmatrix} 2 & 3 & 3 \\ 1 & -1 & 0 \\ -1 & 2 & 1 \end{vmatrix} = -2 \neq 0,$$

所以矩阵 A 可逆.

又因为

$$A_{11} = (-1)^{1+1} \begin{vmatrix} -1 & 0 \\ 2 & 1 \end{vmatrix} = -1, A_{12} = (-1)^{1+2} \begin{vmatrix} 1 & 0 \\ -1 & 1 \end{vmatrix} = -1,$$

$$A_{13} = (-1)^{1+3} \begin{vmatrix} 1 & -1 \\ -1 & 2 \end{vmatrix} = 1,$$

$$A_{21} = (-1)^{2+1} \begin{vmatrix} 3 & 3 \\ 2 & 1 \end{vmatrix} = 3, A_{22} = (-1)^{2+2} \begin{vmatrix} 2 & 3 \\ -1 & 1 \end{vmatrix} = 5,$$

$$A_{23} = (-1)^{2+3} \begin{vmatrix} 2 & 3 \\ -1 & 2 \end{vmatrix} = -7,$$

$$A_{31} = (-1)^{3+1} \begin{vmatrix} 3 & 3 \\ -1 & 0 \end{vmatrix} = 3, A_{32} = (-1)^{3+2} \begin{vmatrix} 2 & 3 \\ 1 & 0 \end{vmatrix} = 3,$$

$$A_{33} = (-1)^{3+3} \begin{vmatrix} 2 & 3 \\ 1 & -1 \end{vmatrix} = -5,$$

所以

$$A^{-1} = \frac{1}{\det A} A^* = \frac{1}{-2} \begin{pmatrix} -1 & 3 & 3 \\ -1 & 5 & 3 \\ 1 & -7 & -5 \end{pmatrix} = \begin{pmatrix} \dfrac{1}{2} & -\dfrac{3}{2} & -\dfrac{3}{2} \\ \dfrac{1}{2} & -\dfrac{5}{2} & -\dfrac{3}{2} \\ -\dfrac{1}{2} & \dfrac{7}{2} & \dfrac{5}{2} \end{pmatrix}.$$

例 2.2.5 设 3 阶方阵 $A = \begin{pmatrix} a & & \\ & b & \\ & & c \end{pmatrix}$，问 A 何时可逆？若可逆，

求 A^{-1}.

解 由于 $\det A = \begin{vmatrix} a & & \\ & b & \\ & & c \end{vmatrix} = abc$，所以当 $abc \neq 0$ 时，矩阵 A 可逆，

此时 $A^* = \begin{pmatrix} bc & & \\ & ac & \\ & & ab \end{pmatrix}$，所以 $A^{-1} = \begin{pmatrix} a^{-1} & & \\ & b^{-1} & \\ & & c^{-1} \end{pmatrix}$.

例 2.2.6 设 n 阶方阵 A 满足 $A^2 - 2A + 3E = 0$，求证矩阵 A 和

$A - 3E$ 均可逆，并求出它们的逆矩阵.

证明 由 $A^2 - 2A + 3E = 0$ 得 $A(A - 2E) = -3E$，即

$$A\left[-\frac{1}{3}(A - 2E)\right] = E,$$

由定理 2.2.3 可知，矩阵 A 可逆，且

$$A^{-1} = -\frac{1}{3}(A - 2E),$$

再由 $A^2 - 2A + 3E = 0$ 得 $(A + E)(A - 3E) = -6E$，即

$$\left[-\frac{1}{6}(A + E)\right](A - 3E) = E,$$

所以矩阵 $A - 3E$ 可逆，且

$$(A - 3E)^{-1} = -\frac{1}{6}(A + E).$$

有了逆矩阵的概念，只要方阵 A 可逆，则矩阵方程 $AX = C(XA = D)$

就有唯一解 $X = A^{-1}C(X = DA^{-1})$.

例 2.2.7 解矩阵方程 $\begin{pmatrix} 1 & 2 \\ 2 & 5 \end{pmatrix} X = \begin{pmatrix} 3 & -1 \\ 2 & -5 \end{pmatrix}$.

解 记 $A = \begin{pmatrix} 1 & 2 \\ 2 & 5 \end{pmatrix}$，$B = \begin{pmatrix} 3 & -1 \\ 2 & -5 \end{pmatrix}$，则原方程等价于 $AX = B$，

又因为 $\det A = \begin{vmatrix} 1 & 2 \\ 2 & 5 \end{vmatrix} = 1 \neq 0$，所以 A 可逆，且 $A^{-1} = \begin{pmatrix} 5 & -2 \\ -2 & 1 \end{pmatrix}$，

从而

$$X = A^{-1}B = \begin{pmatrix} 5 & -2 \\ -2 & 1 \end{pmatrix} \begin{pmatrix} 3 & -1 \\ 2 & -5 \end{pmatrix} = \begin{pmatrix} 11 & 5 \\ -4 & -3 \end{pmatrix}.$$

例 2.2.8 如果 $ABC = E$，则下列等式一定成立的有哪些？

$$ACB = E; BAC = E; BCA = E; CAB = E; CBA = E.$$

解 因为 $ABC = E$，所以 $A^{-1} = BC$ 或者 $(AB)^{-1} = C$，于是由逆矩阵的定义知，必有 $BCA = E$ 和 $CBA = E$，其他三个不一定正确，因为矩阵的乘法不满足交换律.

对于低阶矩阵利用伴随矩阵法求其逆矩阵是一个有效的方法，但随着矩阵阶数的增加，这种方法的计算量将会很大，对于高阶矩阵的逆矩阵将在本章的 2.3 节介绍用矩阵的初等变换法求逆矩阵.

2.3 矩阵的初等变换及其应用

本节将引入矩阵的一个重要的运算：矩阵的初等变换. 初等变换在线性代数中有着许多重要的应用，比如可以利用它来计算矩阵的秩、求可逆方阵的逆矩阵，在下一章我们还可以看到它在研究线性方程组时也会发挥重要的作用.

2.3.1 矩阵的初等变换

定义 2.3.1 对于矩阵 $A = (a_{ij})_{m \times n}$ 实施下面三种形式之一的变换，称为对矩阵 A 的初等变换：

(1)互换矩阵的任意两行(列)；

(2)用非零的数 k 乘以矩阵的某一行(列)的所有元素；

(3)将矩阵的某一行(列)的 k 倍加到另一行(列).

对矩阵的行实施初等变换称为**行初等变换**，对矩阵的列实施初等变换称

为**列初等变换**,行初等变换和列初等变换统称为**初等变换**.

> **定义 2.3.2** 如果矩阵 A 经过若干次初等变换变为矩阵 B,则称 A 和 B 等价,记作 $A \sim B$.
>
> 容易验证矩阵之间的等价关系具有如下三个性质:
>
> (1)**反身性** $A \sim A$;
>
> (2)**对称性** 若 $A \sim B$,则 $B \sim A$;
>
> (3)**传递性** 若 $A \sim B$ 且 $B \sim C$,则 $A \sim C$.

对一个矩阵实施初等变化,一般要将其变成什么样的矩阵呢? 为此我们给出行(列)阶梯型矩阵和行(列)最简型矩阵的概念.

> **定义 2.3.3** 如果矩阵 A,它的元素满足如下条件:
>
> (1)零行(列)(元素全为零的行)位于全部非零行的下方(若有);
>
> (2)非零行(列)的首非零元的列下标随其行(列)下标的递增而严格递增.

称此矩阵为**行(列)阶梯型矩阵**. 例如

$$\begin{pmatrix} 2 & -1 & 1 & 4 \\ 0 & 0 & -3 & 5 \\ 0 & 0 & 0 & 0 \end{pmatrix}$$

> **定义 2.3.4** 如果一个行(列)阶梯型矩阵 A,它的元素还满足如下条件:
>
> (1)非零行(列)的首非零元为 1;
>
> (2)非零行(列)的首非零元所在列的其余元均为零.

称此矩阵为**行(列)最简型矩阵**. 例如

$$\begin{pmatrix} 1 & 5 & 0 & -3 \\ 0 & 0 & 1 & 2 \\ 0 & 0 & 0 & 0 \end{pmatrix}$$

定理 2.3.1　对任意一个矩阵 $A=(a_{ij})_{m\times n}$ 都与如下的矩阵 $D_{m\times n}$ 等价

$$D_{m\times n}=\begin{pmatrix} E_{r\times r} & O_{r\times(n-r)} \\ O_{(m-r)\times r} & O_{(m-r)\times(n-r)} \end{pmatrix}=\left.\begin{pmatrix} 1 & 0 & \cdots & 0 & \cdots & 0 \\ 0 & 1 & \cdots & 0 & \cdots & 0 \\ \vdots & \vdots & & \vdots & & \vdots \\ 0 & 0 & \cdots & 1 & \cdots & 0 \\ 0 & 0 & \cdots & 0 & \cdots & 0 \\ \vdots & \vdots & & \vdots & & \vdots \\ 0 & 0 & \cdots & 0 & \cdots & 0 \end{pmatrix}\right\} \to \text{第 } r \text{ 行}, $$

$$(2.3.1)$$

这里 $r\leqslant \min\{m,n\}$.

证明　如果矩阵 $A=0$, 那么 A 本身就是 $r=0$ 的矩阵, 由等价的反身性知 $A\sim D$.

如果矩阵 $A\neq 0$, 则至少有一个元素 $a_{ij}\neq 0$, 经过若干次换行和换列一定能够得到 $a_{11}\neq 0$, 此时用 $-\dfrac{a_{i1}}{a_{11}}(i=2,3,\cdots,m)$ 乘矩阵 A 的第一行加到第 i 行, 化 a_{i1} 为零; 再用 $-\dfrac{a_{1j}}{a_{11}}(j=2,3,\cdots,n)$ 乘矩阵 A 的第一列加到第 j 列, 化 a_{1j} 为零; 最后用 $\dfrac{1}{a_{11}}$ 乘矩阵 A 的第一行, 化 a_{11} 为 1, 这样矩阵 A 化为

$$A_1=\begin{pmatrix} 1 & 0 & \cdots & 0 \\ 0 & a'_{22} & \cdots & a'_{2n} \\ \vdots & \vdots & & \vdots \\ 0 & a'_{n2} & \cdots & a'_{nn} \end{pmatrix}=\begin{pmatrix} 1 & O \\ O & B_1 \end{pmatrix},$$

如果 $B_1=O$, 则 A_1 就是 $r=1$ 的矩阵 D.

如果 $B_1\neq O$, 则按照上述方法继续对 B_1 实施初等变换, 经过有限次初等变换可将矩阵 A 化为所要求的矩阵 D, 所以 $A\sim D$.

例 2.3.1　求矩阵 $A=\begin{pmatrix} 2 & 1 & 2 & 3 \\ 6 & 2 & 5 & 8 \\ 2 & 0 & 1 & 2 \end{pmatrix}$ 的行阶梯型、行最简型和

标准型.

解 对矩阵 A 实施初等行变换得：

$$\begin{pmatrix} 2 & 1 & 2 & 3 \\ 6 & 2 & 5 & 8 \\ 2 & 0 & 1 & 2 \end{pmatrix} \rightarrow \begin{pmatrix} 2 & 1 & 2 & 3 \\ 0 & -1 & -1 & -1 \\ 0 & -1 & -1 & -1 \end{pmatrix} \rightarrow \begin{pmatrix} 2 & 1 & 2 & 3 \\ 0 & -1 & -1 & -1 \\ 0 & 0 & 0 & 0 \end{pmatrix},$$

从而矩阵 A 的行阶梯型矩阵为 $B = \begin{pmatrix} 2 & 1 & 2 & 3 \\ 0 & -1 & -1 & -1 \\ 0 & 0 & 0 & 0 \end{pmatrix}$，

进一步对矩阵 B 实施初等行变换

$$\begin{pmatrix} 2 & 1 & 2 & 3 \\ 0 & -1 & -1 & -1 \\ 0 & 0 & 0 & 0 \end{pmatrix} \rightarrow \begin{pmatrix} 2 & 0 & 1 & 2 \\ 0 & 1 & 1 & 1 \\ 0 & 0 & 0 & 0 \end{pmatrix} \rightarrow \begin{pmatrix} 1 & 0 & \frac{1}{2} & 1 \\ 0 & 1 & 1 & 1 \\ 0 & 0 & 0 & 0 \end{pmatrix},$$

这样矩阵 A 的行最简型矩阵为 $C = \begin{pmatrix} 1 & 0 & \frac{1}{2} & 1 \\ 0 & 1 & 1 & 1 \\ 0 & 0 & 0 & 0 \end{pmatrix}$，

进一步对矩阵 C 实施初等列变换

$$\begin{pmatrix} 1 & 0 & \frac{1}{2} & 1 \\ 0 & 1 & 1 & 1 \\ 0 & 0 & 0 & 0 \end{pmatrix} \rightarrow \begin{pmatrix} 1 & 0 & 0 & 0 \\ 0 & 1 & 1 & 1 \\ 0 & 0 & 0 & 0 \end{pmatrix} \rightarrow \begin{pmatrix} 1 & 0 & 0 & 0 \\ 0 & 1 & 0 & 0 \\ 0 & 0 & 0 & 0 \end{pmatrix},$$

从而矩阵 A 的标准型矩阵为 $D = \begin{pmatrix} 1 & 0 & 0 & 0 \\ 0 & 1 & 0 & 0 \\ 0 & 0 & 0 & 0 \end{pmatrix}$.

2.3.2 初等矩阵

定义 2.3.5 对于单位矩阵 E 实施一次初等变换所得到的矩阵称为**初等矩阵**.

由于初等变换只有三种形式,所以初等矩阵有如下三个结构:

(1)对换矩阵.

$$E(i,j) = \begin{pmatrix} 1 & & & & & & & & \\ & \ddots & & & & & & & \\ & & 0 & & & & 1 & & \\ & & & 1 & & & & & \\ & & & & \ddots & & & & \\ & & & & & 1 & & & \\ & & 1 & & & & 0 & & \\ & & & & & & & \ddots & \\ & & & & & & & & 1 \end{pmatrix} \begin{matrix} 第 i 行(1 \leqslant i \leqslant j \leqslant n), \\ \\ 第 j 行(1 \leqslant i \leqslant j \leqslant n). \end{matrix}$$

$E(i,j)$ 表示是由单位矩阵 E 对换第 i 行(列)和第 j 行(列)所得.

(2)倍乘矩阵.

$$E(i(k)) = \begin{pmatrix} 1 & & & & & & \\ & \ddots & & & & & \\ & & 1 & & & & \\ & & & k & & & \\ & & & & 1 & & \\ & & & & & \ddots & \\ & & & & & & 1 \end{pmatrix} 第 i 行(1 \leqslant i \leqslant n).$$

$E(i(k))$ 表示是用非零的数 k 乘以单位矩阵 E 的第 i 行(列)所得.

(3)倍加矩阵.

$$E(i,j(k)) = \begin{pmatrix} 1 & & & & & \\ & \ddots & & & & \\ & & 1 & & & \\ & & \vdots & \ddots & & \\ & & k & \cdots & 1 & \\ & & & & & \ddots \\ & & & & & & 1 \end{pmatrix} \begin{matrix} 第 i 行(1 \leqslant i \leqslant j \leqslant n), \\ \\ 第 j 行(1 \leqslant i \leqslant j \leqslant n). \end{matrix}$$

$E(i,j(k))$ 表示是由单位矩阵 E 的第 i 行的 k 倍加到第 j 行所得,或者由单位矩阵 E 的第 j 列的 k 倍加到第 i 列所得.

容易验证初等矩阵的行列式均不等于零,所以初等矩阵均是可逆矩阵,并且其逆矩阵仍是初等矩阵.

$$E(i,j)^{-1} = E(i,j),\ E(i(k))^{-1} = E(i(\frac{1}{k})),$$

$$E(i,j(k))^{-1} = E(i,j(-k))$$

初等矩阵在矩阵的乘法中还具有如下重要的性质:

定理 2.3.2 设矩阵 $A = (a_{ij})_{m \times n}$,则

(1)对 A 实施一次某形式的初等行变换等于在 A 的左侧乘以同形式的初等矩阵;

(2)对 A 实施一次某形式的初等列变换等于在 A 的右侧乘以同形式的初等矩阵.

证明 只证明第一种形式,即交换矩阵 A 的第 i 行和第 j 行等于在 A 的左侧乘以初等矩阵 $E(i,j)$,其余情况可以仿此进行证明.

将矩阵 $A = (a_{ij})_{m \times n}$ 和单位矩阵 E 写成行向量的形式,即

$$A = \begin{pmatrix} \alpha_1 \\ \alpha_2 \\ \vdots \\ \alpha_m \end{pmatrix},\ E = \begin{pmatrix} e_1 \\ e_2 \\ \vdots \\ e_m \end{pmatrix}$$

这里的 $\alpha_i = (a_{i1}\quad a_{i2}\quad \cdots\quad a_{in})$ 和 $e_i = (0\ \cdots\ 0\ \underset{\text{第}i\text{列}}{1}\ 0\ \cdots\ 0)$ 分别表示矩阵 A 和单位 E 的第 i 行的行向量. 这样

$$E(i,j) = \begin{pmatrix} e_1 \\ \vdots \\ e_j \\ \vdots \\ e_i \\ \vdots \\ e_n \end{pmatrix} \begin{matrix} \\ \\ \text{第 } i \text{ 行} \\ \\ \text{第 } j \text{ 行} \\ \\ \\ \end{matrix}$$

从而

$$E(i,j)A = \begin{pmatrix} e_1 \\ \vdots \\ e_j \\ \vdots \\ e_i \\ \vdots \\ e_n \end{pmatrix} A = \begin{pmatrix} e_1 A \\ \vdots \\ e_j A \\ \vdots \\ e_i A \\ \vdots \\ e_n A \end{pmatrix} = \begin{pmatrix} \alpha_1 \\ \vdots \\ \alpha_j \\ \vdots \\ \alpha_i \\ \vdots \\ \alpha_n \end{pmatrix} = B$$

矩阵 B 恰好是矩阵 A 的第 i 行和第 j 行交换所得.

由定理 2.3.2 知定理 2.3.1 可以改写成:

定理 2.3.3 对任意一个矩阵 $A = (a_{ij})_{m \times n}$,存在初等矩阵 P_1, $P_2, \cdots, P_s, Q_1, Q_2, \cdots, Q_t$,使得
$$P_1 P_2 \cdots P_s A Q_1 Q_2 \cdots Q_t = D_{m \times n}.$$

这里的 $D_{m \times n}$ 的格式同式(2.3.1).

定理 2.3.4 n 阶方阵 A 可逆的充要条件是 $A \sim E$.

证明 先证必要性.

设 n 阶可逆方阵 A 的等价标准型为 D,由定理 2.3.3 知存在初等矩阵 $P_1, P_2, \cdots, P_s, Q_1, Q_2, \cdots, Q_t$,满足
$$P_1 P_2 \cdots P_s A Q_1 Q_2 \cdots Q_t = D, \tag{2.3.2}$$
对上式两边取行列式得
$$|P_1||P_2| \cdots |P_s||A||Q_1||Q_2| \cdots |Q_t| = |D|. \tag{2.3.3}$$

因为矩阵 A 和初等矩阵 $P_1, P_2, \cdots, P_s, Q_1, Q_2, \cdots, Q_t$ 均可逆,所以它们的行列式均不等于零,所以 $|D| \neq 0$,故 $D = E$,从而 $A \sim E$.

再证充分性.

由于 $A \sim E$,$P_1 P_2 \cdots P_s A Q_1 Q_2 \cdots Q_t = E$,于是有
$$|P_1||P_2| \cdots |P_s||A||Q_1||Q_2| \cdots |Q_t| = |E| = 1 \neq 0,$$
从而 $|A| \neq 0$,即 A 可逆.

推论 2.3.1 n 阶方阵 A 可逆的充要条件是 A 可以表示成若干个初等矩阵的乘积.

2.3.3　初等变换的应用

本部分主要介绍初等变换在求矩阵秩和求逆矩阵中的应用.

> **定理 2.3.5**　设矩阵 A 与矩阵 B 等价,即 $A \sim B$,则 A 与 B 中非零子式的最高阶数相同.

证明　只证明初等行变换的形式,列变换类似可得. 对照初等行变换的三种形式分别有:

(1)设矩阵 B 是由矩阵 A 经过一次交换行所得,且设矩阵 A 某一最高阶 r 阶非零子式为 D,则在矩阵 B 中一定也能够找到与 D 相对应的子式 D_1,此时 $D_1 = -D \neq 0$.

(2)矩阵 B 是由矩阵 A 的第 i 行的 k 倍加到第 j 行所得,且设矩阵 A 某一最高阶 r 阶非零子式为 D. 若子式 D 中没有第 j 行,则子式 D 也是矩阵 B 的一个非零子式,若子式 D 含有第 j 行,则矩阵 B 存在一个对应非零子式 D'(D' 和 D 的行数与列数完全相同)在数值上仍等于子式 D.

(3)设矩阵 B 是由矩阵 A 的第 i 行乘以非零的常数 k 所得,且设矩阵 A 某一最高阶 r 阶非零子式为 D,则在矩阵 B 中一定也能够找到与 D 相对应的子式 D_1,此时 $D_1 = k^r D \neq 0$.

若记矩阵 B 的最高阶非零子式的阶数为 r',根据以上的讨论可以知道 $r \leqslant r'$,又由于初等变换是可逆的,矩阵 A 也可由矩阵 B 经过初等行变换而来,所以 $r' \leqslant r$,从而初等行变换不改变矩阵的秩.

推论 2.3.2　设矩阵 A 与矩阵 B 等价,即 $A \sim B$,则 $r(A) = r(B)$.

推论 2.3.3　设 A 是 $m \times n$ 矩阵,P 和 Q 分别是 m 和 n 阶可逆矩阵,则
$$r(A) = r(PA) = r(AQ) = r(PAQ)$$

从定理 2.3.5 和推论 2.3.2 可以知道对于任何一个矩阵 A,只要对其实施初等行变换至行阶梯型,阶梯型中非零行的个数就是该矩阵的秩.

例 2.3.2　求矩阵 $A = \begin{pmatrix} 1 & -2 & 2 & -1 & 1 \\ 1 & 2 & 6 & 1 & 1 \\ 2 & -4 & 2 & -3 & 5 \\ 1 & -2 & -2 & -3 & 7 \end{pmatrix}$ 的秩 $r(A)$.

解　对矩阵 A 实施初等行变换至行阶梯型

$$\begin{pmatrix} 1 & -2 & 2 & -1 & 1 \\ 1 & 2 & 6 & 1 & 1 \\ 2 & -4 & 2 & -3 & 5 \\ 1 & -2 & -2 & -3 & 7 \end{pmatrix} \rightarrow \begin{pmatrix} 1 & -2 & 2 & -1 & 1 \\ 0 & 4 & 4 & 2 & 0 \\ 0 & 0 & -2 & -1 & 3 \\ 0 & 0 & -4 & -2 & 6 \end{pmatrix} \rightarrow \begin{pmatrix} 1 & -2 & 2 & -1 & 1 \\ 0 & 4 & 4 & 2 & 0 \\ 0 & 0 & -2 & -1 & 3 \\ 0 & 0 & 0 & 0 & 0 \end{pmatrix},$$

因此 $r(A) = 3$.

例 2.3.3　设矩阵 $A = \begin{pmatrix} 1 & 2 & -1 & 1 \\ 1 & 0 & \lambda & -2 \\ 2 & 6 & -2 & \mu \end{pmatrix}$，若 $r(A) = 2$，求 λ 与 μ

的值.

解　对矩阵 A 实施初等行变换至行阶梯型

$$\begin{pmatrix} 1 & 2 & -1 & 1 \\ 1 & 0 & \lambda & -2 \\ 2 & 6 & -2 & \mu \end{pmatrix} \rightarrow \begin{pmatrix} 1 & 2 & -1 & 1 \\ 0 & -2 & \lambda+1 & -3 \\ 0 & 2 & 0 & \mu-2 \end{pmatrix} \rightarrow \begin{pmatrix} 1 & 2 & -1 & 1 \\ 0 & -2 & \lambda+1 & -3 \\ 0 & 0 & \lambda+1 & \mu-5 \end{pmatrix}$$

由于 $r(A) = 2$，故 $\begin{cases} \lambda+1=0, \\ \mu-5=0, \end{cases}$ 即 $\begin{cases} \lambda=-1, \\ \mu=5. \end{cases}$

从推论 2.3.1 可知存在若干初等矩阵 $P_1, P_2, \cdots, P_s$，满足

$$A = P_1 P_2 \cdots P_s \tag{2.3.4}$$

从而

$$P_s^{-1} \cdots P_2^{-1} P_1^{-1} A = E \tag{2.3.5}$$

对式(2.3.5)两边同乘以右 A^{-1} 得

$$P_s^{-1} \cdots P_2^{-1} P_1^{-1} E = A^{-1} \tag{2.3.6}$$

式(2.3.5)表明 $A^{-1} = P_s^{-1} \cdots P_2^{-1} P_1^{-1}$，由于初等矩阵的逆矩阵仍是初等矩阵，所以式(2.3.5)和式(2.3.6)还说明当 A 经过初等变换化为单位矩阵 E 时，E 经过同样的初等变换化为 A^{-1}. 所以，求 n 阶方阵 A 的逆矩阵时，无须先判断 A 是否可逆，只要对 $n \times 2n$ 阶矩阵 $(A : E)$ 实施初等行变换，如果 A 可以化为单位矩阵 E，就说明 A 可逆，且 E 变换的结果就是 A^{-1}.

例 2.3.4　利用初等变换求矩阵

$$A = \begin{pmatrix} 1 & 2 & -3 \\ 1 & 3 & -4 \\ -1 & 2 & 1 \end{pmatrix}$$

的逆矩阵 A^{-1}.

解 对矩阵 $(A \vdots E)$ 实施初等行变化

$$
\begin{pmatrix}
1 & 2 & -3 & \vdots & 1 & 0 & 0 \\
1 & 3 & -4 & \vdots & 0 & 1 & 0 \\
-1 & 2 & 1 & \vdots & 0 & 0 & 1
\end{pmatrix}
\rightarrow
\begin{pmatrix}
1 & 2 & -3 & \vdots & 1 & 0 & 0 \\
0 & 1 & -1 & \vdots & -1 & 1 & 0 \\
0 & 4 & -2 & \vdots & 1 & 0 & 1
\end{pmatrix}
$$

$$
\rightarrow
\begin{pmatrix}
1 & 0 & -1 & \vdots & 3 & -2 & 0 \\
0 & 1 & -1 & \vdots & -1 & 1 & 0 \\
0 & 0 & 2 & \vdots & 5 & -4 & 1
\end{pmatrix}
\rightarrow
\begin{pmatrix}
1 & 0 & 0 & \vdots & \frac{11}{2} & -4 & \frac{1}{2} \\
0 & 1 & 0 & \vdots & \frac{3}{2} & -1 & \frac{1}{2} \\
0 & 0 & 2 & \vdots & 5 & -4 & 1
\end{pmatrix}
$$

$$
\rightarrow
\begin{pmatrix}
1 & 0 & 0 & \vdots & \frac{11}{2} & -4 & \frac{1}{2} \\
0 & 1 & 0 & \vdots & \frac{3}{2} & -1 & \frac{1}{2} \\
0 & 0 & 1 & \vdots & \frac{5}{2} & -2 & \frac{1}{2}
\end{pmatrix},
$$

所以

$$
A^{-1} =
\begin{pmatrix}
\frac{11}{2} & -4 & \frac{1}{2} \\
\frac{3}{2} & -1 & \frac{1}{2} \\
\frac{5}{2} & -2 & \frac{1}{2}
\end{pmatrix}.
$$

类似的对 $2n \times n$ 阶矩阵 $\begin{pmatrix} A \\ \cdots \\ E \end{pmatrix}$ 实施初等列变换,如果 A 可以化为单位矩

阵 E,就说明 A 可逆,且 E 变换的结果就是 A^{-1}. 读者可以对例 2.3.4 采取这种方法加以验证.

利用初等变换求 A^{-1} 方法,同样可以用来求解矩阵方程 $AX = B$,其解法是对矩阵 $(A \vdots B)$ 实施初等行变换至 $(E \vdots A^{-1}B)$,这时所要求的解

$X = A^{-1}B$;而对于矩阵方程 $XC = D$,一般是对矩阵 $\begin{pmatrix} C \\ \cdots \\ D \end{pmatrix}$ 实施初等列变换

至 $\begin{bmatrix} E \\ \cdots \\ DC^{-1} \end{bmatrix}$,这时所要求的解 $X = DC^{-1}$.

例 2.3.5 利用初等变换求解矩阵方程 $AX = B$. 其中

$$A = \begin{pmatrix} 1 & 0 & 1 \\ 1 & -1 & 0 \\ 0 & 1 & 2 \end{pmatrix}, B = \begin{pmatrix} 2 & -4 \\ 3 & -2 \\ 2 & -7 \end{pmatrix}.$$

解 对矩阵 $(A \ \vdots \ B)$ 实施初等行变换

$$\begin{pmatrix} 1 & 0 & 1 & \vdots & 2 & -4 \\ 1 & -1 & 0 & \vdots & 3 & -2 \\ 0 & 1 & 2 & \vdots & 2 & -7 \end{pmatrix} \to \begin{pmatrix} 1 & 0 & 1 & \vdots & 2 & -4 \\ 0 & -1 & -1 & \vdots & 1 & 2 \\ 0 & 1 & 2 & \vdots & 2 & -7 \end{pmatrix}$$

$$\to \begin{pmatrix} 1 & 0 & 1 & \vdots & 2 & -4 \\ 0 & -1 & -1 & \vdots & 1 & 2 \\ 0 & 0 & 1 & \vdots & 3 & -5 \end{pmatrix} \to \begin{pmatrix} 1 & 0 & 0 & \vdots & -1 & 1 \\ 0 & -1 & 0 & \vdots & 4 & -3 \\ 0 & 0 & 1 & \vdots & 3 & -5 \end{pmatrix}$$

$$\to \begin{pmatrix} 1 & 0 & 0 & \vdots & -1 & 1 \\ 0 & 1 & 0 & \vdots & -4 & 3 \\ 0 & 0 & 1 & \vdots & 3 & -5 \end{pmatrix},$$

所以

$$X = A^{-1}B = \begin{pmatrix} -1 & 1 \\ -4 & 3 \\ 3 & -5 \end{pmatrix}.$$

例 2.3.6 已知矩阵 $A = \begin{pmatrix} 1 & -2 & 0 \\ 2 & 1 & 0 \\ 0 & 0 & 2 \end{pmatrix}$,满足 $XA - A = X$,求矩阵 X.

解 由 $XA - A = X$,得 $X(A - E) = A$,容易计算出

$$A - E = \begin{pmatrix} 0 & -2 & 0 \\ 2 & 0 & 0 \\ 0 & 0 & 1 \end{pmatrix}, 对 \begin{pmatrix} A - E \\ \cdots \\ A \end{pmatrix} 实施初等列变换有$$

$$\begin{pmatrix} 0 & -2 & 0 \\ 2 & 0 & 0 \\ 0 & 0 & 1 \\ \cdots & \cdots & \cdots \\ 1 & -2 & 0 \\ 2 & 1 & 0 \\ 0 & 0 & 1 \end{pmatrix} \rightarrow \begin{pmatrix} -2 & 0 & 0 \\ 0 & 2 & 0 \\ 0 & 0 & 1 \\ \cdots & \cdots & \cdots \\ -2 & 1 & 0 \\ 1 & 2 & 0 \\ 0 & 0 & 2 \end{pmatrix} \rightarrow \begin{pmatrix} 1 & 0 & 0 \\ 0 & 1 & 0 \\ 0 & 0 & 1 \\ \cdots & \cdots & \cdots \\ 1 & \dfrac{1}{2} & 0 \\ -\dfrac{1}{2} & 1 & 0 \\ 0 & 0 & 2 \end{pmatrix},$$

所以

$$X = \begin{pmatrix} 1 & \dfrac{1}{2} & 0 \\ -\dfrac{1}{2} & 1 & 0 \\ 0 & 0 & 2 \end{pmatrix}.$$

2.4 分块矩阵

2.4.1 分块矩阵的概念

在矩阵进行运算时,当矩阵的行数和列数较大,将其"分割"成一些较低的矩阵进行处理,往往能够起到化繁为简或者能够为推理提供新的思路,这就需要对大矩阵进行分块.

> **定义 2.4.1** 一般地把一个大的矩阵 A,用一些横线和纵线分成 $s \times t$ 个"小矩阵"
> $$A_{kl}(k=1,2,\cdots,s;l=1,2,\cdots,t)$$
> 称 A_{kl} 为矩阵 A 的子块.于是矩阵 A 可以表示出以这些子块为元素的形式上的矩阵,即
> $$A = \begin{bmatrix} A_{11} & \cdots & A_{1t} \\ \vdots & & \vdots \\ A_{s1} & \cdots & A_{st} \end{bmatrix},$$
> 该等式右边形式上的矩阵,称为**分块矩阵**.

例如把一个 5 阶矩阵分割如下：

$$A = \begin{pmatrix} 1 & 0 & 0 & 0 & 0 \\ 0 & 1 & 0 & 0 & 0 \\ 2 & 3 & 1 & 0 & 0 \\ -1 & 4 & 0 & 1 & 0 \\ 5 & -6 & 0 & 0 & 1 \end{pmatrix} = \begin{pmatrix} E_2 & O \\ A_{21} & E_3 \end{pmatrix},$$

则矩阵 A 就分割成 4 个子矩阵，其中

$$E_2 = \begin{pmatrix} 1 & 0 \\ 0 & 1 \end{pmatrix}, E_3 = \begin{pmatrix} 1 & 0 & 0 \\ 0 & 1 & 0 \\ 0 & 0 & 1 \end{pmatrix}, A_{21} = \begin{pmatrix} 2 & 3 \\ -1 & 4 \\ 5 & -6 \end{pmatrix}, O = \begin{pmatrix} 0 & 0 & 0 \\ 0 & 0 & 0 \end{pmatrix}.$$

矩阵分块方式是相当随意的，同一个矩阵可以根据需要划分成不同的子块，构成不同的分块矩阵. 在具体运用矩阵分块法时，要结合问题的需要选取适当的分块方法.

$$A = \begin{pmatrix} a_{11} & a_{12} & a_{13} & a_{14} & a_{15} \\ a_{21} & a_{22} & a_{23} & a_{24} & a_{25} \\ a_{31} & a_{32} & a_{33} & a_{34} & a_{35} \end{pmatrix},$$

可以按照不同的方法分块

$$A = \left(\begin{array}{cc:cc:c} a_{11} & a_{12} & a_{13} & a_{14} & a_{15} \\ a_{21} & a_{22} & a_{23} & a_{24} & a_{25} \\ a_{31} & a_{32} & a_{33} & a_{34} & a_{35} \end{array} \right),$$

$$A = \left(\begin{array}{ccc:cc} a_{11} & a_{12} & a_{13} & a_{14} & a_{15} \\ \hdashline a_{21} & a_{22} & a_{23} & a_{24} & a_{25} \\ a_{31} & a_{32} & a_{33} & a_{34} & a_{35} \end{array} \right).$$

矩阵分块的更重要作用是高阶矩阵在运算时可以通过子块的相应运算进行，达到降低计算量的效果.

2.4.2 分块矩阵的运算

1. 分块矩阵的加法运算

设矩阵 A 和矩阵 B 是同型矩阵，且它们的分块方式也完全相同，即

$$A = \begin{pmatrix} A_{11} & A_{12} & \cdots & A_{1t} \\ A_{21} & A_{22} & \cdots & A_{2t} \\ \vdots & \vdots & & \vdots \\ A_{s1} & A_{s2} & \cdots & A_{st} \end{pmatrix}, B = \begin{pmatrix} B_{11} & B_{12} & \cdots & B_{1t} \\ B_{21} & B_{22} & \cdots & B_{2t} \\ \vdots & \vdots & & \vdots \\ B_{s1} & B_{s2} & \cdots & B_{st} \end{pmatrix},$$

且 A_{ij} 与 B_{ij} 亦是同型矩阵 $(i = 1,2,\cdots,s; j = 1,2,\cdots,t)$. 则

$$A + B = \begin{pmatrix} A_{11}+B_{11} & A_{12}+B_{12} & \cdots & A_{1t}+B_{1t} \\ A_{21}+B_{21} & A_{22}+B_{22} & \cdots & A_{2t}+B_{2t} \\ \vdots & \vdots & & \vdots \\ A_{s1}+B_{s1} & A_{s2}+B_{s2} & \cdots & A_{st}+B_{st} \end{pmatrix}.$$

这说明分块矩阵 A 和分块矩阵 B 相加,只需要把它们对应的子块相加即可. 前提条件是不但矩阵 A 和矩阵 B 同型且分块一样,每个子块也同型.

2. 分块矩阵的数乘运算

设矩阵 $A = \begin{pmatrix} A_{11} & A_{12} & \cdots & A_{1t} \\ A_{21} & A_{22} & \cdots & A_{2t} \\ \vdots & \vdots & & \vdots \\ A_{s1} & A_{s2} & \cdots & A_{st} \end{pmatrix}$, λ 是一个常数,则

$$\lambda A = \begin{pmatrix} \lambda A_{11} & \lambda A_{12} & \cdots & \lambda A_{1t} \\ \lambda A_{21} & \lambda A_{22} & \cdots & \lambda A_{2t} \\ \vdots & \vdots & & \vdots \\ \lambda A_{s1} & \lambda A_{s2} & \cdots & \lambda A_{st} \end{pmatrix}.$$

3. 分块矩阵的乘法运算

设矩阵 A 和矩阵 B 的分块如下:

$$A = \begin{pmatrix} A_{11} & A_{12} & \cdots & A_{1s} \\ A_{21} & A_{22} & \cdots & A_{2s} \\ \vdots & \vdots & & \vdots \\ A_{r1} & A_{r2} & \cdots & A_{rs} \end{pmatrix}, B = \begin{pmatrix} B_{11} & B_{12} & \cdots & B_{1t} \\ B_{21} & B_{22} & \cdots & B_{2t} \\ \vdots & \vdots & & \vdots \\ B_{s1} & B_{s2} & \cdots & B_{st} \end{pmatrix}.$$

其中子块 A_{ij} 的列数等于子块 B_{jk} 的行数 $(i = 1,2,\cdots,r; j = 1,2,\cdots,s; k = 1,2,\cdots,t)$,则

$$AB = \begin{pmatrix} A_{11} & A_{12} & \cdots & A_{1s} \\ A_{21} & A_{22} & \cdots & A_{2s} \\ \vdots & \vdots & & \vdots \\ A_{r1} & A_{r2} & \cdots & A_{rs} \end{pmatrix} \begin{pmatrix} B_{11} & B_{12} & \cdots & B_{1t} \\ B_{21} & B_{22} & \cdots & B_{2t} \\ \vdots & \vdots & & \vdots \\ B_{s1} & B_{s2} & \cdots & B_{st} \end{pmatrix} = C = \begin{pmatrix} C_{11} & C_{12} & \cdots & C_{1t} \\ C_{21} & C_{22} & \cdots & C_{2t} \\ \vdots & \vdots & & \vdots \\ C_{r1} & C_{r2} & \cdots & C_{rt} \end{pmatrix},$$

其中 $C_{ik} = A_{i1}B_{1k} + A_{i2}B_{2k} + \cdots + A_{is}B_{sk} (i = 1, 2, \cdots, r; k = 1, 2, \cdots, t)$.

例 2.4.1 已知 $A = \begin{pmatrix} 1 & 0 & 0 & 0 \\ 0 & 1 & 0 & 0 \\ -1 & 2 & 1 & 0 \\ 1 & 1 & 0 & 1 \end{pmatrix}, B = \begin{pmatrix} 1 & 0 & 1 & 0 \\ 1 & 2 & 0 & 1 \\ 1 & 0 & 4 & 1 \\ 1 & -1 & 2 & 0 \end{pmatrix},$

求 AB.

解 对矩阵 A, B 进行如下的分块:

$$A = \begin{pmatrix} E_2 & O \\ A_{21} & E_2 \end{pmatrix}, B = \begin{pmatrix} B_{11} & E_2 \\ B_{21} & B_{22} \end{pmatrix},$$

这里 $A_{21} = \begin{pmatrix} -1 & 2 \\ 1 & 1 \end{pmatrix}, B_{11} = \begin{pmatrix} 1 & 0 \\ 1 & 2 \end{pmatrix}, B_{21} = \begin{pmatrix} 1 & 0 \\ 1 & -1 \end{pmatrix}, B_{22} = \begin{pmatrix} 4 & 1 \\ 2 & 0 \end{pmatrix}.$

从而

$$AB = \begin{pmatrix} E_2 & O \\ A_{21} & E_2 \end{pmatrix} \begin{pmatrix} B_{11} & E_2 \\ B_{21} & B_{22} \end{pmatrix} = \begin{pmatrix} B_{11} & E_2 \\ A_{21}B_{11} + B_{21} & A_{21} + B_{22} \end{pmatrix},$$

其中

$$A_{21}B_{11} + B_{21} = \begin{pmatrix} -1 & 2 \\ 1 & 1 \end{pmatrix} \begin{pmatrix} 1 & 0 \\ 1 & 2 \end{pmatrix} + \begin{pmatrix} 1 & 0 \\ 1 & -1 \end{pmatrix} = \begin{pmatrix} 2 & 4 \\ 3 & 1 \end{pmatrix},$$

$$A_{21} + B_{22} = \begin{pmatrix} -1 & 2 \\ 1 & 1 \end{pmatrix} + \begin{pmatrix} 4 & 1 \\ 2 & 0 \end{pmatrix} = \begin{pmatrix} 3 & 3 \\ 3 & 1 \end{pmatrix},$$

于是可得 $AB = \begin{pmatrix} 1 & 0 & 1 & 0 \\ 1 & 2 & 0 & 1 \\ 2 & 4 & 3 & 3 \\ 3 & 1 & 3 & 1 \end{pmatrix}.$

例 2.4.2 设 A 是 $s \times m$ 矩阵, B 是 $s \times n$ 矩阵,则

$$r(A, B) \leqslant r(A) + r(B).$$

证明 由定理 2.3.1 和定理 2.3.2 可知,存在可逆矩阵 P_1 和 P_2 满足

$P_1 A^T = U_1$ 和 $P_2 B^T = U_2$，其中 U_1 和 U_2 分别是 A^T 与 B^T 的行阶梯型，由性质 2.2.1 的(2)式得

$$r(A,B) = r(A,B)^T = r\begin{pmatrix} A^T \\ B^T \end{pmatrix} = r\left[\begin{pmatrix} P_1 & O \\ O & P_2 \end{pmatrix}\begin{pmatrix} A^T \\ B^T \end{pmatrix}\right] = r\begin{pmatrix} U_1 \\ U_2 \end{pmatrix} \leqslant \begin{pmatrix} U_1 \\ U_2 \end{pmatrix}$$

的行数 $\leqslant r(A) + r(B)$.

4. 分块矩阵的转置

设分块矩阵 $A = \begin{pmatrix} A_{11} & A_{12} & \cdots & A_{1t} \\ A_{21} & A_{22} & \cdots & A_{2t} \\ \vdots & \vdots & & \vdots \\ A_{s1} & A_{s2} & \cdots & A_{st} \end{pmatrix}$，则 A 的转置矩阵为

$$A^T = \begin{pmatrix} A_{11}{}^T & A_{21}{}^T & \cdots & A_{s1}{}^T \\ A_{12}{}^T & A_{22}{}^T & \cdots & A_{s2}{}^T \\ \vdots & \vdots & & \vdots \\ A_{1t}{}^T & A_{2t}{}^T & \cdots & A_{st}{}^T \end{pmatrix}.$$

5. 对角分块矩阵

若方阵 A 的分块矩阵只在主对角线上有非零的子块,其余子块都是零矩阵,且非零的子块都是方阵,即

$$A = \begin{pmatrix} A_1 & O & \cdots & O \\ O & A_2 & \cdots & O \\ \vdots & \vdots & & \vdots \\ O & O & \cdots & A_s \end{pmatrix},$$

其中 $A_i(i = 1, 2, \cdots, s)$ 都是方阵,则称方阵 A 为**分块对角矩阵**.

对分块对角矩阵的运算可以化为对其主对角线上子块的运算.

例如:

$$A = \begin{pmatrix} A_1 & O & \cdots & O \\ O & A_2 & \cdots & O \\ \vdots & \vdots & & \vdots \\ O & O & \cdots & A_s \end{pmatrix}, B = \begin{pmatrix} B_1 & O & \cdots & O \\ O & B_2 & \cdots & O \\ \vdots & \vdots & & \vdots \\ O & O & \cdots & B_s \end{pmatrix}.$$

若 A_i 与 B_i 是阶数相等的方阵 $(i = 1, 2, \cdots, s)$，则

$$A + B = \begin{pmatrix} A_1 + B_1 & O & \cdots & O \\ O & A_2 + B_2 & \cdots & O \\ \vdots & \vdots & & \vdots \\ O & O & \cdots & A_s + B_s \end{pmatrix},$$

$$AB = \begin{pmatrix} A_1 B_1 & O & \cdots & O \\ O & A_2 B_2 & \cdots & O \\ \vdots & \vdots & & \vdots \\ O & O & \cdots & A_s B_s \end{pmatrix},$$

进一步的对于分块对角矩阵 $A = \begin{pmatrix} A_1 & O & \cdots & O \\ O & A_2 & \cdots & O \\ \vdots & \vdots & & \vdots \\ O & O & \cdots & A_s \end{pmatrix}$，若 $A_i \ (i = 1, 2, \cdots, s)$

均可逆，则 A 也可逆且 $A^{-1} = \begin{pmatrix} A_1^{-1} & O & \cdots & O \\ O & A_2^{-1} & \cdots & O \\ \vdots & \vdots & & \vdots \\ O & O & \cdots & A_s^{-1} \end{pmatrix}.$

例 2.4.3 已知 $A = \begin{pmatrix} 3 & 5 & 0 \\ 1 & 2 & 0 \\ 0 & 0 & 7 \end{pmatrix}$，利用对角分块法求 A^{-1}.

解 对矩阵 A 实施分块如下

$$A = \begin{pmatrix} 3 & 5 & 0 \\ 1 & 2 & 0 \\ 0 & 0 & 7 \end{pmatrix} = \begin{pmatrix} A_1 & O \\ O & A_2 \end{pmatrix},$$

其中

$$A_1 = \begin{pmatrix} 3 & 5 \\ 1 & 2 \end{pmatrix}, A_2 = 7,$$

容易计算

$$A_1^{-1} = \begin{pmatrix} 2 & -5 \\ -1 & 3 \end{pmatrix}, A_2^{-1} = \frac{1}{7},$$

所以

$$A^{-1} = \begin{pmatrix} 2 & -5 & 0 \\ -1 & 3 & 0 \\ 0 & 0 & \dfrac{1}{7} \end{pmatrix}.$$

例 2.4.4 已知 $A = \begin{pmatrix} A_{11} & O \\ A_{21} & A_{22} \end{pmatrix}$，其中 A_{11}, A_{22} 均可逆，求证矩阵

A 可逆并求 A^{-1}.

解 根据题意和例 1.4.3 可得 $\det A = \det A_{11} \det A_{22} \neq 0$，所以 A 可逆，不妨设

$$A^{-1} = \begin{pmatrix} X & Y \\ Z & W \end{pmatrix},$$

其中 X 与 A_{11}，W 与 A_{22} 同型. 利用分块矩阵的乘法和逆矩阵的定义，有

$$AA^{-1} = \begin{pmatrix} A_{11} & O \\ A_{21} & A_{22} \end{pmatrix} \begin{pmatrix} X & Y \\ Z & W \end{pmatrix} = \begin{pmatrix} A_{11}X & A_{11}Y \\ A_{21}X + A_{22}Z & A_{21}Y + A_{22}W \end{pmatrix}$$

$$= \begin{pmatrix} E_1 & O \\ O & E_2 \end{pmatrix},$$

则有

$$\begin{cases} A_{11}X = E_1, \\ A_{11}Y = O, \\ A_{21}X + A_{22}Z = O, \\ A_{21}Y + A_{22}W = E_2. \end{cases}$$

解得

$$\begin{cases} X = A_{11}^{-1}, \\ Y = O, \\ Z = -A_{22}^{-1} A_{21} A_{11}^{-1}, \\ W = A_{22}^{-1}. \end{cases}$$

从而

$$A^{-1} = \begin{pmatrix} A_{11}^{-1} & O \\ -A_{22}^{-1} A_{21} A_{11}^{-1} & A_{22}^{-1} \end{pmatrix}.$$

相关阅读

矩阵乘法和逆运算在密码学中的应用

运用矩阵知识可以破译密码,进而运用到军事等方面,可见矩阵的作用非常强大.本故事介绍矩阵乘法与逆矩阵的在密码学中的一个应用.

在密码学中,原来的消息为明文,经过伪装的明文则变成了密文.有明文变成密文的过程称为加密.由密文变成明文的过程称为译密.改变明文的方法称为密码.密码在军事上和商业上是一种保密通信技术.矩阵在保密通信中发挥了重要作用.

例如,如下图所示,当矩阵 A 可逆时,对 R^n 中的所有 X,等式 $A^{-1}AX = X$ 说明,A^{-1} 把向量 AX 变回到 X,A^{-1} 确定的线性变换称为由 A 确定的线性变换的逆变换.

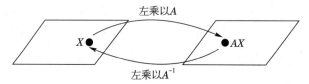

这使一些有心人想到可用可逆矩阵及其逆矩阵对需发送的秘密消息加密和译密.

假设我们要送出的消息"ACCOMPLISH THE TASK.".首先把每个字母 $A,B,\cdots,Z$ 映射到数 $1,2,3,\cdots,26$.例如,数 1 表示 A,数 12 表示 L;另外,用 0 表示空格,27 表示句号等.于是数集

$$\{1,3,3,15,13,16,12,9,19,8,0,20,5,0,20,1,19,11,27\}$$

表示消息"ACCOMPLISH THE TASK",这个消息(按列)写成 4×5 矩阵

$$M = \begin{pmatrix} 1 & 13 & 19 & 8 & 1 \\ 3 & 16 & 8 & 5 & 19 \\ 3 & 12 & 0 & 0 & 11 \\ 15 & 9 & 20 & 20 & 27 \end{pmatrix},$$

密码的发送者和接收者都知道的密码矩阵是

$$A = \begin{pmatrix} 1 & -1 & -1 & 1 \\ 3 & 0 & -3 & 4 \\ 3 & -2 & 2 & -1 \\ -1 & 1 & 2 & -2 \end{pmatrix},$$

其逆矩阵(译码矩阵)是

$$A^{-1} = \frac{1}{2}\begin{pmatrix} 9 & 1 & -1 & 7 \\ 5 & 1 & -1 & 5 \\ -19 & -1 & 3 & -13 \\ -21 & -1 & 3 & -15 \end{pmatrix},$$

加密后的消息通过通信渠道,以乘积 AM 的形式输出,接收者收到的矩阵

$$C = AM = \begin{pmatrix} 1 & -1 & -1 & 1 \\ 3 & 0 & -3 & 4 \\ 3 & -2 & 2 & -1 \\ -1 & 1 & 2 & -2 \end{pmatrix}\begin{pmatrix} 1 & 13 & 19 & 8 & 1 \\ 3 & 16 & 8 & 5 & 19 \\ 3 & 12 & 0 & 0 & 11 \\ 15 & 9 & 20 & 20 & 27 \end{pmatrix}$$

$$= \begin{pmatrix} 10 & -6 & 31 & 23 & -2 \\ 54 & 39 & 137 & 104 & 78 \\ -12 & 22 & 21 & -6 & -40 \\ -22 & 9 & -51 & -43 & -14 \end{pmatrix},$$

之后接收者通过计算乘积 $A^{-1}C$ 来译出消息,即相继变换矩阵 C 的第 1 列,第 2 列,…的元素就会变回到原来的信息.

复习题 2

1. 已知 $A = \begin{pmatrix} 4 & x_1-2x_2 \\ 2 & 1 \\ 6 & 0 \end{pmatrix}$, $B = \begin{pmatrix} 4 & -2 \\ 2 & 1 \\ 2x_1+x_2 & 0 \end{pmatrix}$, 若 $A=B$, 求 x_1 和 x_2.

2. 设 $A = \begin{pmatrix} 1 & 2 & 3 & 4 \\ 0 & -1 & 5 & 2 \\ 2 & 3 & 1 & 0 \end{pmatrix}$, $B = \begin{pmatrix} 0 & 2 & 1 & 3 \\ 4 & 1 & 0 & 2 \\ 0 & -3 & 2 & 5 \end{pmatrix}$, 求 $3A+2B$ 与 $4A-3B$.

3. 设 $A = \begin{pmatrix} 2 & 1 & -2 \\ 0 & 3 & 1 \end{pmatrix}$, $B = \begin{pmatrix} 1 & 0 & 2 \\ 1 & -1 & 2 \end{pmatrix}$, $C = \begin{pmatrix} -1 & 1 & 2 \\ 2 & 3 & -1 \\ 1 & 0 & 2 \end{pmatrix}$, 求 $AC-BC$.

4. 设 $A = \begin{pmatrix} 1 & \lambda & 0 \\ 0 & 1 & \lambda \\ 0 & 0 & 1 \end{pmatrix}$, $\lambda \neq 0$, 求 A^n, n 是正整数.

5. 设 $A = \begin{pmatrix} 2 & 1 \\ -3 & -2 \end{pmatrix}$, $f(x) = 4x^3-3x^2+2x-1$, 求 $f(A)$.

6. 证明:任何一个方阵均可以写成一个对称矩阵和一个反对称矩阵的和.

7. 设 A、B 均是 3 阶方阵,且 $|A|=2$,$|B|=5$,求 $|-2AB^T|$.

8. 用定义法求矩阵 $A=\begin{pmatrix} -1 & 0 & 0 \\ 3 & 2 & 0 \\ -1 & 1 & 1 \\ 4 & 0 & 1 \end{pmatrix}$ 的秩.

9. 设 $A=\begin{pmatrix} O & B \\ B & O \end{pmatrix}$ 问 $r(A)$ 与 $r(B)$ 有什么关系?

10. 判别下列矩阵是否可逆? 若可逆,求出其逆.

(1) $\begin{bmatrix} 1 & 2 & 3 \\ 2 & 1 & 2 \\ 1 & 3 & 3 \end{bmatrix}$; (2) $\begin{bmatrix} 4 & 2 & 3 \\ 2 & 2 & 3 \\ 7 & 2 & 3 \end{bmatrix}$; (3) $\begin{bmatrix} 2 & -1 & 1 \\ 1 & 0 & 1 \\ 3 & -1 & 4 \end{bmatrix}$.

11. 设 A 是 n 阶方阵,则 $\det(A^*)=(\det A)^{n-1}$,进一步若 A 可逆,则 A^* 也可逆,且

$$(A^*)^{-1}=\frac{1}{\det A}A.$$

12. 设 n 阶方阵 A 满足方程 $A^2-A-2E=0$,求证矩阵 A 和 $A+2E$ 均可逆,并求出它们的逆矩阵.

13. 已知矩阵 $A=\begin{bmatrix} 3 & 0 & 1 \\ 1 & 1 & 0 \\ 0 & 1 & 4 \end{bmatrix}$,$AX=A+2X$,求矩阵 X.

14. 用初等行变换将下列矩阵化为行阶梯型、行最简型和标准型.

(1) $\begin{pmatrix} 1 & 2 & 2 \\ 3 & -2 & 1 \end{pmatrix}$; (2) $\begin{pmatrix} 1 & 2 \\ -1 & 3 \\ 2 & 1 \end{pmatrix}$;

(3) $\begin{bmatrix} 1 & -2 & 0 \\ 3 & 2 & 2 \\ 1 & -2 & 1 \end{bmatrix}$; (4) $\begin{bmatrix} 1 & -1 & 2 \\ 4 & -4 & 3 \\ -1 & 1 & -2 \end{bmatrix}$.

15. 用初等变化法求下列矩阵的秩.

(1) $\begin{bmatrix} 3 & 1 & 0 & 2 \\ 1 & -1 & 2 & -1 \\ 1 & 3 & -4 & 4 \end{bmatrix}$; (2) $\begin{bmatrix} 3 & 2 & -1 & -3 & -2 \\ 2 & -1 & 3 & 1 & -3 \\ 7 & 0 & 5 & -1 & 8 \end{bmatrix}$;

(3) $\begin{bmatrix} 1 & 1 & 2 & 2 & 1 \\ 0 & 2 & 1 & 5 & -1 \\ 2 & 0 & 3 & -1 & 3 \\ 1 & 1 & 0 & 4 & -1 \end{bmatrix}$.

16. 利用初等变换求下列矩阵的逆矩阵.

(1) $\begin{pmatrix} 1 & 1 & -1 \\ 2 & 0 & 0 \\ 1 & 3 & -1 \end{pmatrix}$;   (2) $\begin{pmatrix} 5 & 6 & 4 \\ 4 & 6 & 6 \\ 1 & 2 & 3 \end{pmatrix}$;

(3) $\begin{pmatrix} 3 & -1 & 3 \\ 2 & 1 & 4 \\ 2 & 2 & 3 \end{pmatrix}$;   (4) $\begin{pmatrix} 1 & 0 & -2 \\ 0 & -2 & 1 \\ -2 & -1 & 5 \end{pmatrix}$.

17. 用初等变换法解下列矩阵方程.

(1) $\begin{pmatrix} 1 & 1 & -1 \\ 2 & 5 & -4 \\ 2 & 4 & -5 \end{pmatrix} X = \begin{pmatrix} 1 & 3 \\ 2 & 7 \\ 1 & 6 \end{pmatrix}$;   (2) $X \begin{pmatrix} 1 & -1 & 1 \\ 2 & 1 & 0 \\ 2 & 1 & -1 \end{pmatrix} = \begin{pmatrix} 1 & 0 & 1 \\ 2 & 1 & 2 \end{pmatrix}$.

18. 已知 $A = \begin{pmatrix} 1 & 2 & 1 & 0 \\ 0 & 1 & 0 & 1 \\ 0 & 0 & 2 & 1 \\ 0 & 0 & 0 & 3 \end{pmatrix}, B = \begin{pmatrix} 1 & 0 & 3 & 1 \\ 0 & 1 & 2 & -1 \\ 0 & 0 & -2 & 3 \\ 0 & 0 & 0 & -3 \end{pmatrix}$, 求 AB.

19. 设矩阵 $A = \begin{pmatrix} 2 & 4 & 0 & 0 \\ 0 & 1 & 0 & 0 \\ 0 & 0 & 1 & 3 \\ 0 & 0 & 0 & -1 \end{pmatrix}$, 利用对角分块法求 A^{-1}.

20. 已知 $A = \begin{pmatrix} A_{11} & A_{12} \\ O & A_{22} \end{pmatrix}$, 其中 A_{11}, A_{22} 均可逆, 求证矩阵 A 可逆并求 A^{-1}.

21. 设 $A = \begin{pmatrix} 3 & 7 & -4 & 1 & 0 \\ -2 & -5 & 9 & 0 & -1 \\ 0 & 0 & -1 & 0 & 0 \\ 0 & 0 & 0 & 4 & 0 \\ 0 & 0 & 0 & 0 & -6 \end{pmatrix}$, 求 A^{-1}.

扫一扫，获取参考答案

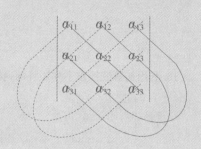

第3章 向量组与线性方程组

向量是代数学中的一个基本的概念,线性方程组是科学和工程技术中重要的应用工具,他们都是线性代数重要内容. 本章前半部分主要介绍 n 维向量的概念、线性运算、线性相关性、向量组的极大无关组和秩等概念,并讨论与之有关的一些性质. 在本章后半部分主要介绍线性方程组的矩阵表示,Gauss 消元法与方程组的相容性,线性方程组的有解判别定理,齐次线性方程组的通解和非齐次线性方程组的解结构.

3.1　n 维向量及其运算

3.1.1　n 维向量的概念

在第 2 章中,我们将只有一行的矩阵称为行向量,只有一列的矩阵称为列向量,行向量和列向量均是矩阵的特殊情形,其实行向量和列向量也都是向量的一种表达形式.

> **定义 3.1.1**　由 n 个数 $a_1, a_2, \cdots, a_n$ 构成的有序数组称为**向量**,其中的第 i 数 a_i 称为这个向量的第 i **分量**.

由于有 n 个分量,所以也称为 n 维向量. n 维向量写成行的形式 $(a_1, a_2, \cdots, a_n)$ 就称为行向量(也称为 $1 \times n$ 矩阵),写成列

的形式 $\begin{bmatrix} a_1 \\ a_2 \\ \vdots \\ a_n \end{bmatrix}$ 就称为列向量(也称为 $n \times 1$ 矩阵). 通常用希腊字母 $\alpha,\beta,\gamma,\cdots$

来表示向量. 分量为实数的称为实向量,分量为复数的称为复向量,没有特别申明,本书中的向量均是指实向量.

下面给出向量常用的几个概念:

(1)分量全为零的向量称为零向量,记作 $o = (0,0,\cdots,0)$.

(2)向量 $(-a_1,-a_2,\cdots,-a_n)$ 称为向量 $\alpha = (a_1,a_2,\cdots,a_n)$ 的负向量,记作 $-\alpha$.

(3)如果两个 n 维向量 $\alpha = (a_1,a_2,\cdots,a_n),\beta = (b_1,b_2,\cdots,b_n)$ 对应的分量相等,即 $a_i = b_i(i = 1,2,\cdots,n)$,则称向量 α 与 β 相等,记作 $\alpha = \beta$.

3.1.2　n 维向量的运算

作为特殊的矩阵,n 维向量之间也有加(减)法和数乘运算.

定义 3.1.2　设两个 n 维向量 $\alpha = (a_1,a_2,\cdots,a_n),\beta = (b_1,b_2,\cdots,b_n)$,称 n 维向量 $(a_1 + b_1, a_2 + b_2, \cdots, a_n + b_n)$ 为向量 α 与 β 的**和**,记作 $\alpha + \beta$,即

$$\alpha + \beta = (a_1 + b_1, a_2 + b_2, \cdots, a_n + b_n).$$

定义 3.1.3　设 n 维向量 $\alpha = (a_1,a_2,\cdots,a_n)$,$k$ 为实数,称 n 维向量 $(ka_1,ka_2,\cdots,ka_n)$ 为实数 k 与向量 α 的**数乘积**,简称**数乘**,记作 $k\alpha$,即

$$k\alpha = (ka_1,ka_2,\cdots,ka_n).$$

向量的加法和数乘运算,统称为向量的线性运算,容易验证向量的线性运算满足下面的运算规律:

性质 3.1.1　设 α,β,γ 为 n 维列向量,k,l 是实数,则

(1) $\alpha + \beta = \beta + \alpha$;　　　　(2) $(\alpha + \beta) + \gamma = \alpha + (\beta + \gamma)$;

(3) $\alpha + o = \alpha$;　　　　(4) $\alpha + (-\alpha) = o$;

(5) $1\alpha = \alpha$;　　　　(6) $k(l\alpha) = (kl)\alpha$;

(7) $k(\alpha + \beta) = k\alpha + k\beta$;　　　　(8) $(k + l)\alpha = k\alpha + l\alpha$.

例 **3.1.1** 已知向量 $\alpha_1 = \begin{pmatrix} 3 \\ 1 \\ 2 \end{pmatrix}$, $\alpha_2 = \begin{pmatrix} 2 \\ 1 \\ 0 \end{pmatrix}$, $\alpha_3 = \begin{pmatrix} 3 \\ 2 \\ -1 \end{pmatrix}$, 满足

$3(\alpha_1 + \beta) - 2(\alpha_2 + \beta) = \alpha_3$, 求向量 β.

解 由 $3(\alpha_1 + \beta) - 2(\alpha_2 + \beta) = \alpha_3$, 可得

$$\beta = -3\alpha_1 + 2\alpha_2 + \alpha_3 = -3 \begin{pmatrix} 3 \\ 1 \\ 2 \end{pmatrix} + 2 \begin{pmatrix} 2 \\ 1 \\ 0 \end{pmatrix} + \begin{pmatrix} 3 \\ 2 \\ -1 \end{pmatrix} = \begin{pmatrix} -2 \\ 1 \\ -7 \end{pmatrix}.$$

3.1.3　向量的线性组合和线性表示

定义 3.1.4 设 $\alpha_1, \alpha_2, \cdots, \alpha_s$ 都是 n 维向量, $k_1, k_2, \cdots, k_s$ 都是实数, 称 n 维向量

$$k_1\alpha_1 + k_2\alpha_2 + \cdots + k_s\alpha_s$$

是向量 $\alpha_1, \alpha_2, \cdots, \alpha_s$ 的一个**线性组合**, $k_1, k_2, \cdots, k_s$ 是这个线性组合的组合系数. 如果 n 维向量 β 可以写成 $\alpha_1, \alpha_2, \cdots, \alpha_s$ 的线性组合, 则称 β 可以由 $\alpha_1, \alpha_2, \cdots, \alpha_s$ **线性表示**.

例 **3.1.2** 已知向量组 $\alpha_1 = \begin{pmatrix} 1 \\ -2 \\ 3 \end{pmatrix}$, $\alpha_2 = \begin{pmatrix} 1 \\ -1 \\ 2 \end{pmatrix}$, $\alpha_3 = \begin{pmatrix} -1 \\ 2 \\ -4 \end{pmatrix}$,

$\beta = \begin{pmatrix} 1 \\ -1 \\ 1 \end{pmatrix}$, 讨论向量 β 能否由向量组 $\alpha_1, \alpha_2, \alpha_3$ 线性表示.

解 若向量 β 能由向量组 $\alpha_1, \alpha_2, \alpha_3$ 线性表示, 即存在一组数 k_1, k_2, k_3, 满足 $\beta = k_1\alpha_1 + k_2\alpha_2 + k_3\alpha_3$ 成立, 根据它们分量之间的关系, 得方程组

$$\begin{cases} k_1 + k_2 - k_3 = 1, \\ -2k_1 - k_2 + 2k_3 = -1, \\ 3k_1 + 2k_2 - 4k_3 = 1. \end{cases}$$

由 Crame 法则容易求得 $k_1 = k_2 = k_3 = 1$, 即

$$\beta = \alpha_1 + \alpha_2 + \alpha_3.$$

例 3.1.3 设 $\beta = (3,2,a)^T, \alpha_1 = (1,-2,1)^T, \alpha_2 = (2,-1,5)^T$,

$\alpha_3 = (1,3,6)^T$, 求当 a 取何值时向量 β 可以被向量 $\alpha_1, \alpha_2, \alpha_3$ 线性表示.

　　解　由于向量 β 可以被向量 $\alpha_1, \alpha_2, \alpha_3$ 线性表示,所以存在一组数 k_1, k_2,
k_3, 满足 $\beta = k_1\alpha_1 + k_2\alpha_2 + k_3\alpha_3$, 根据它们分量之间的关系所得方程组

$$\begin{cases} k_1 + 2k_2 + k_3 = 3, \\ -2k_1 - k_2 + 3k_3 = 2, \\ k_1 + 5k_2 + 6k_3 = a. \end{cases}$$

　　第一个方程的 3 倍加第二个方程得 $k_1 + 5k_2 + 6k_3 = 11$, 再和第三个方程相比较,若方程组有解,则 $a = 11$.

> **定义 3.1.5**　设 n 维向量组 $A: \alpha_1, \alpha_2, \cdots, \alpha_s$ 和 n 维向量组 $B: \beta_1$, $\beta_2, \cdots, \beta_t$, 如果向量组 B 中的每个向量 $\beta_i (i = 1, 2, \cdots, t)$ 均可被向量组 A 中的向量线性表示,称向量组 B 可被向量组 A 线性表示,如果这两个向量组可以互相表示,称这两个向量组**等价**. 记作 $A \sim B$.

　　容易验证向量组之间的等价关系具有如下三个性质:

（1）**反身性**　$A \sim A$;

（2）**对称性**　若 $A \sim B$, 则 $B \sim A$;

（3）**传递性**　若 $A \sim B$ 且 $B \sim C$, 则 $A \sim C$.

例 3.1.4 已知向量组

$$A: \alpha_1 = \begin{pmatrix} 1 \\ 0 \\ 0 \end{pmatrix}, \alpha_2 = \begin{pmatrix} 0 \\ 1 \\ 0 \end{pmatrix}, \alpha_3 = \begin{pmatrix} 0 \\ 0 \\ 1 \end{pmatrix},$$

$$B: \beta_1 = \begin{pmatrix} 1 \\ 1 \\ 0 \end{pmatrix}, \beta_2 = \begin{pmatrix} 0 \\ 1 \\ 1 \end{pmatrix}, \beta_3 = \begin{pmatrix} 1 \\ 0 \\ 1 \end{pmatrix},$$

讨论向量组 A, B 是否等价.

　　解　由于

$$\beta_1 = \alpha_1 + \alpha_2, \beta_2 = \alpha_2 + \alpha_3, \beta_3 = \alpha_1 + \alpha_3;$$

$$\alpha_1 = \frac{1}{2}(\beta_1 - \beta_2 + \beta_3), \alpha_2 = \frac{1}{2}(\beta_1 + \beta_2 - \beta_3), \alpha_3 = \frac{1}{2}(-\beta_1 + \beta_2 + \beta_3).$$

所以向量组 A, B 是等价的.

3.2　向量组的线性相关性与秩

3.2.1　向量组的线性相关性

对于一个向量组 $\alpha_1, \alpha_2, \cdots, \alpha_s$ 我们还需要研究它的向量之间的关系——线性相关性.

> **定义 3.2.1**　给定一个向量组 $\alpha_1, \alpha_2, \cdots, \alpha_s$, 如果存在 s 个不全为零的数 $k_1, k_2, \cdots, k_s$, 使得等式
> $$k_1\alpha_1 + k_2\alpha_2 + \cdots + k_s\alpha_s = 0 \tag{3.2.1}$$
> 成立, 则称向量组 $\alpha_1, \alpha_2, \cdots, \alpha_s$ **线性相关**, 否则称向量组**线性无关**.

说明: 向量组线性无关也可以说只有当 $k_1, k_2, \cdots, k_s$ 全等于零时式(3.2.1)才成立.

> **性质 3.2.1**　向量组 $\alpha_1, \alpha_2, \cdots, \alpha_s$ 线性相关, 等价于齐次线性方程组
> $$x_1\alpha_1 + x_2\alpha_2 + \cdots + x_s\alpha_s = 0$$
> 有非零解, 即 $AX = 0$(这里 $A = (\alpha_1, \alpha_2, \cdots, \alpha_s)$, $X = \begin{pmatrix} x_1 \\ x_2 \\ \vdots \\ x_s \end{pmatrix}$)有非零解, 若向量组 $\alpha_1, \alpha_2, \cdots, \alpha_s$ 线性无关, 等价于齐次线性方程组 $AX = 0$ 只有零解.

推论　n 个 n 维向量组 $\alpha_1, \alpha_2, \cdots, \alpha_n$ 线性相关的充要条件是 $\det A = 0$, $A = (\alpha_1, \alpha_2, \cdots, \alpha_n)$; 反之向量组 $\alpha_1, \alpha_2, \cdots, \alpha_n$ 线性无关的充要条件是 $\det A \neq 0$.

注意:(1)只含有一个向量 α 的向量组,当 $\alpha = 0$ 时是线性相关的,当 $\alpha \neq 0$ 时是线性无关的;含有两个向量的向量组,若这两个向量的分量对应成比例,则该向量组线性相关,否则线性无关.

(2)含有零向量的向量组一定线性相关.

例 3.2.1 (1)证明 4 维向量组 $\varepsilon_1 = \begin{pmatrix} 1 \\ 0 \\ 0 \\ 0 \end{pmatrix}, \varepsilon_2 = \begin{pmatrix} 0 \\ 1 \\ 0 \\ 0 \end{pmatrix}, \varepsilon_3 = \begin{pmatrix} 0 \\ 0 \\ 1 \\ 0 \end{pmatrix},$

$\varepsilon_4 = \begin{pmatrix} 0 \\ 0 \\ 0 \\ 1 \end{pmatrix}$ 线性无关.

(2)证明 3 维向量组 $\alpha_1 = \begin{pmatrix} 1 \\ -2 \\ 3 \\ 1 \end{pmatrix}, \alpha_2 = \begin{pmatrix} 2 \\ 1 \\ 5 \\ -1 \end{pmatrix}, \alpha_3 = \begin{pmatrix} -1 \\ 8 \\ 1 \\ 5 \end{pmatrix}$ 线性相关.

证明 (1)令 $k_1\varepsilon_1 + k_2\varepsilon_2 + k_3\varepsilon_3 + k_4\varepsilon_4 = O,$ 得

$$k_1 \begin{pmatrix} 1 \\ 0 \\ 0 \\ 0 \end{pmatrix} + k_2 \begin{pmatrix} 0 \\ 1 \\ 0 \\ 0 \end{pmatrix} + k_3 \begin{pmatrix} 0 \\ 0 \\ 1 \\ 0 \end{pmatrix} + k_4 \begin{pmatrix} 0 \\ 0 \\ 0 \\ 1 \end{pmatrix} = \begin{pmatrix} 0 \\ 0 \\ 0 \\ 0 \end{pmatrix},$$

解得 $k_1 = k_2 = k_3 = k_4 = 0,$ 所以 $\varepsilon_1, \varepsilon_2, \varepsilon_3, \varepsilon_4$ 线性无关.

或者 $\begin{vmatrix} 1 & 0 & 0 & 0 \\ 0 & 1 & 0 & 0 \\ 0 & 0 & 1 & 0 \\ 0 & 0 & 0 & 1 \end{vmatrix} = 1 \neq 0,$ 由性质 3.2.1 知 $\varepsilon_1, \varepsilon_2, \varepsilon_3, \varepsilon_4$ 线性无关.

(2)因为存在一组非零的数 $k_1 = 3, k_2 = -2, k_3 = 1,$ 满足 $3\alpha_1 - 2\alpha_2 + \alpha_3 = O,$ 所以 $\alpha_1, \alpha_2, \alpha_3$ 线性相关.

一般地我们称 n 维向量组 $\varepsilon_1 = \begin{pmatrix} 1 \\ 0 \\ \vdots \\ 0 \end{pmatrix}, \varepsilon_2 = \begin{pmatrix} 0 \\ 1 \\ \vdots \\ 0 \end{pmatrix}, \cdots, \varepsilon_n = \begin{pmatrix} 0 \\ 0 \\ \vdots \\ 1 \end{pmatrix}$ 为**标准单**

位向量组,单位向量组显然是线性无关的.

3.2.2　线性相关性的性质

> **性质 3.2.2**　向量组 $\alpha_1, \alpha_2, \cdots, \alpha_s(s \geqslant 2)$ 线性相关的充要条件是该向量组中至少有一个向量可以被其余向量线性表示.

证明　先证必要性.

由于 $\alpha_1, \alpha_2, \cdots, \alpha_s(s \geqslant 2)$ 线性相关,故存在一组不全为零的数 $k_1, k_2, \cdots, k_s$,满足

$$k_1\alpha_1 + k_2\alpha_2 + \cdots + k_s\alpha_s = 0,$$

不失一般性,不妨设 $k_1 \neq 0$,则有

$$\alpha_1 = -\frac{k_2}{k_1}\alpha_2 - \frac{k_3}{k_1}\alpha_3 - \cdots - \frac{k_s}{k_1}\alpha_s,$$

从而存在一个向量 α_1 可以被其余向量线性表示.

再证明充分性.

不妨设 α_s 可以被其余向量线性表示,即存在一组数 $k_1, k_2, \cdots, k_{s-1}$ 满足

$$\alpha_s = k_1\alpha_1 + k_2\alpha_2 + \cdots + k_{s-1}\alpha_{s-1}.$$

从而

$$k_1\alpha_1 + k_2\alpha_2 + \cdots + k_{s-1}\alpha_{s-1} + (-1)\alpha_s = 0,$$

由于 $k_1, k_2, \cdots, k_{s-1}, -1$ 不全为零,所以 $\alpha_1, \alpha_2, \cdots, \alpha_s(s \geqslant 2)$ 线性相关.

> **性质 3.2.3**　向量组 $\alpha_1, \alpha_2, \cdots, \alpha_s$ 线性无关但向量组 $\alpha_1, \alpha_2, \cdots, \alpha_s, \beta$ 线性相关,则向量 β 可由向量组 $\alpha_1, \alpha_2, \cdots, \alpha_s$ 线性表示,且表示法唯一.

证明　由于 $\alpha_1, \alpha_2, \cdots, \alpha_s, \beta$ 线性相关,故存在一组不全为零的数 $k_1, k_2, \cdots, k_s, k$,满足

$$k_1\alpha_1 + k_2\alpha_2 + \cdots + k_s\alpha_s + k\beta = 0.$$

若 $k = 0$,则有 $k_1\alpha_1 + k_2\alpha_2 + \cdots + k_s\alpha_s = 0$. 又因为 $\alpha_1, \alpha_2, \cdots, \alpha_s$ 线性无关,所以 $k_1 = k_2 \cdots = k_s = 0$,这与 $k_1, k_2, \cdots, k_s, k$ 不全为零相矛盾,所以 $k \neq 0$. 从而

$$\beta = -\frac{k_1}{k}\alpha_1 - \frac{k_2}{k}\alpha_2 - \cdots - \frac{k_s}{k}\alpha_s.$$

再证明表示法的唯一性.

假设向量 β 可被向量组 $\alpha_1,\alpha_2,\cdots,\alpha_s$ 线性表示,即

$$\beta = k_1\alpha_1 + k_2\alpha_2 + \cdots + k_s\alpha_s,$$

$$\beta = l_1\alpha_1 + l_2\alpha_2 + \cdots + l_s\alpha_s,$$

以上两式相减得

$$(k_1 - l_1)\alpha_1 + (k_2 - l_2)\alpha_2 + \cdots + (k_s - l_s)\alpha_s = 0.$$

由于向量组 $\alpha_1,\alpha_2,\cdots,\alpha_s$ 线性无关,所以

$$k_1 - l_1 = k_2 - l_2 = \cdots = k_s - l_s = 0,$$

所以 $k_1 = l_1, k_2 = l_2, \cdots, k_s = l_s$,即表示法唯一.

> **性质 3.2.4**　如果一个向量组中的部分组(部分向量组成的向量组)线性相关,则整个向量组线性相关;反之若整个向量组线性无关,则部分组亦线性无关.

证明　设向量组 $\alpha_1,\alpha_2,\cdots,\alpha_s$ 中有 $r(r < s)$ 个向量组成的部分组线性相关,不妨设 $\alpha_1,\alpha_2,\cdots,\alpha_r$ 线性相关,即存在一组不全为零的数 $k_1,k_2,\cdots,k_r$,满足

$$k_1\alpha_1 + k_2\alpha_2 + \cdots + k_r\alpha_r = 0.$$

现取 $k_{r+1} = k_{r+2} = \cdots = k_r = 0$,则 $k_1,k_2,\cdots,k_r,0,\cdots,0$ 仍是一组不全为零的数,但

$$k_1\alpha_1 + k_2\alpha_2 + \cdots + k_r\alpha_r + 0\alpha_{r+1} + \cdots + 0\alpha_s = 0,$$

从而 $\alpha_1,\alpha_2,\cdots,\alpha_s$ 线性相关.

例 3.2.2　设向量组 $\alpha_1 = \begin{pmatrix} a_{11} \\ a_{21} \\ a_{31} \\ a_{41} \end{pmatrix}, \alpha_2 = \begin{pmatrix} a_{12} \\ a_{22} \\ a_{32} \\ a_{42} \end{pmatrix}, \alpha_3 = \begin{pmatrix} a_{13} \\ a_{23} \\ a_{33} \\ a_{43} \end{pmatrix}$,另一向量

组 $\beta_1 = \begin{pmatrix} a_{11} \\ a_{21} \\ a_{31} \\ a_{41} \\ b_1 \end{pmatrix}, \beta_2 = \begin{pmatrix} a_{12} \\ a_{22} \\ a_{32} \\ a_{42} \\ b_2 \end{pmatrix}, \beta_3 = \begin{pmatrix} a_{13} \\ a_{23} \\ a_{33} \\ a_{43} \\ b_s \end{pmatrix}$,若向量组 $\alpha_1,\alpha_2,\alpha_3$ 线性无关,则向量

组 β_1,β_2,β_3 也线性无关.

证明　由于 $\alpha_1, \alpha_2, \alpha_3$ 线性无关,所以齐次线性方程组 $x_1\alpha_1 + x_2\alpha_2 + x_3\alpha_3 = 0$ 只有零解,即

$$\begin{cases} x_1 a_{11} + x_2 a_{12} + x_3 a_{13} = 0, \\ x_1 a_{21} + x_2 a_{22} + x_3 a_{23} = 0, \\ x_1 a_{31} + x_2 a_{32} + x_3 a_{33} = 0, \\ x_1 a_{41} + x_2 a_{42} + x_3 a_{43} = 0. \end{cases} \tag{3.2.2}$$

只有零解,考虑 $\beta_1, \beta_2, \beta_3$ 对应的齐次线性方程组为

$$\begin{cases} x_1 a_{11} + x_2 a_{12} + x_3 a_{13} = 0, \\ x_1 a_{21} + x_2 a_{22} + x_3 a_{23} = 0, \\ x_1 a_{31} + x_2 a_{32} + x_3 a_{33} = 0, \\ x_1 a_{41} + x_2 a_{42} + x_3 a_{43} = 0, \\ x_1 b_1 + x_3 b_3 + x_3 b_3 = 0. \end{cases} \tag{3.2.3}$$

显然方程组(3.2.3)的每一个解都是方程组(3.2.2)的解,既然(3.2.2)只有零解,所以方程组(3.2.3)也只有零解,从而 $\beta_1, \beta_2, \beta_3$ 也线性无关.

根据上题的结论,我们可以得出如下一个性质:

> **性质 3.2.5**　设 m 维向量组 $\alpha_1, \alpha_2, \cdots, \alpha_s (s \leqslant m)$ 线性无关, $n(n > m)$ 维向量组 $\beta_1, \beta_2, \cdots, \beta_s$ 的每个向量 $\beta_i (i = 1, 2, \cdots, s)$ 是由向量 α_i 增加 $n - m$ 个分量得到,则向量组 $\beta_1, \beta_2, \cdots, \beta_s$ 也是线性无关的.

3.2.3　向量组的秩

对于一个给定的向量组,它不一定线性无关. 如何能够从这个向量组中选取一些线性无关的向量呢? 并且这些线性无关的向量能够同这个向量组作用一样,为此引入如下概念.

> **定义 3.2.2**　设一个向量组 $\alpha_1, \alpha_2, \cdots, \alpha_s$, 如果有 $r(r \leqslant s)$ 个向量 $\alpha_{i_1}, \alpha_{i_2}, \cdots, \alpha_{i_r}$, 满足
>
> (1) $\alpha_{i_1}, \alpha_{i_2}, \cdots, \alpha_{i_r}$ 线性无关;
>
> (2)在 $\alpha_1, \alpha_2, \cdots, \alpha_s$ 中任何一个向量 α_i 均能够被向量组 $\alpha_{i_1}, \alpha_{i_2}, \cdots, \alpha_{i_r}$ 线性表示.
>
> 则称 $\alpha_{i_1}, \alpha_{i_2}, \cdots, \alpha_{i_r}$ 为向量组 $\alpha_1, \alpha_2, \cdots, \alpha_s$ 的一个**极大线性无关组**,简称**无关组**. 数 r 称为该向量组的**秩**,记作 $r(\alpha_1, \alpha_2, \cdots, \alpha_s)$.

该定义中的第(2)条也可以改为如下等价的条件(2′).

(2′)在 $\alpha_1,\alpha_2,\cdots,\alpha_s$ 中除这 r 个向量之外(如果还有的话)任取一个向量 α_i,则向量组 $\alpha_{i_1},\alpha_{i_2},\cdots,\alpha_{i_r},\alpha_i$ 都线性相关.

由极大无关组和向量组等价的定义,立即可以得到如下的性质.

> **性质 3.2.6**　任何一个向量组的极大线性无关组与其本身是等价的.

容易验证一个 $m\times n$ 矩阵 $A=(\alpha_1,\alpha_2,\cdots,\alpha_n)=\begin{pmatrix}\beta_1\\\beta_2\\\vdots\\\beta_m\end{pmatrix}$,其秩和其行向量

组 $\alpha_1,\alpha_2,\cdots,\alpha_n$ 的秩(简称为 A 的行秩)以及列向量组 $\beta_1,\beta_2,\cdots,\beta_m$ 的秩(简称为 A 的列秩)是相等的,即

$$r(A)=A \text{ 的行秩}=A \text{ 的列秩}$$

由第 2 章的知识可知,求一个向量组的秩,只要将这个向量组构成一个矩阵,通过初等变换求出该矩阵的行最简形,非零行的个数就是该向量组的秩.

> **定理 3.2.1**　(1)若 $m\times n$ 矩阵 A 经过有限次初等行变换化为矩阵 B,则 A 的任意 $k(k\leqslant n)$ 个列向量与 B 中对应的 k 个列向量具有相同的线性相关性.
>
> 　　(2)若 $m\times n$ 矩阵 A 经过有限次初等列变换化为矩阵 B,则 A 的任意 $k(k\leqslant m)$ 个行向量与 B 中对应的 k 个行向量具有相同的线性相关性.

证明　只证明(1),(2)可以类似完成. 设

$$A=(\alpha_1,\alpha_2,\cdots,\alpha_n)\xrightarrow{\text{初等行变换}}B=(\beta_1,\beta_2,\cdots,\beta_n)$$

对 A 实施初等行变换化到 B,就相当于用若干个初等矩阵 $P_1,P_2,\cdots,P_s$ 左乘 A,使得其等于 B,若记 $P=P_1P_2\cdots P_s$,即 $B=PA$,亦即

$$P_j\alpha_j=\beta_j,j=1,2,\cdots,n$$

任取矩阵 A 中 k 个列向量构成

$$A_0 = (\alpha_{i_1}, \alpha_{i_2}, \cdots, \alpha_{i_k}), 1 \leqslant i_1 \leqslant i_2 \leqslant \cdots \leqslant i_k \leqslant n$$

则矩阵 B 相应的 k 个列向量构成 $B_0 = (\beta_{i_1}, \beta_{i_2}, \cdots, \beta_{i_k})$，满足 $B_0 = PA_0$.

再设 $X_0 = (x_{i_1}, x_{i_2}, \cdots, x_{i_k})^T$，满足

$$B_0 X_0 = PA_0 X_0 = 0$$

由于矩阵 P 可逆，从而齐次线性方程组 $A_0 X_0 = 0$ 与 $B_0 X_0 = 0$ 是同解方程组. 由性质 3.2.1 可知，A_0 的 k 个列向量与 B_0 的 k 个列向量具有相同的线性相关性.

由于 n 维向量组 $\varepsilon_1 = \begin{pmatrix} 1 \\ 0 \\ \vdots \\ 0 \end{pmatrix}, \varepsilon_2 = \begin{pmatrix} 0 \\ 1 \\ \vdots \\ 0 \end{pmatrix}, \cdots, \varepsilon_n = \begin{pmatrix} 0 \\ 0 \\ \vdots \\ 1 \end{pmatrix}$ 是线性无关的，根

据定理 3.2.1 可知求一个向量组 $\alpha_1, \alpha_2, \cdots, \alpha_n$ 的极大线性无关组，就是将其构成一个矩阵 $A = (\alpha_1, \alpha_2, \cdots, \alpha_n)$，然后对矩阵 A 实施初等行变换至行最简形矩阵 B，矩阵 B 那些 $\varepsilon_1, \varepsilon_2, \cdots, \varepsilon_n$ 列所对应矩阵 A 中的列就是 $\alpha_1, \alpha_2, \cdots, \alpha_n$ 的极大无关组.

例 3.2.3 设向量组

$$\alpha_1 = \begin{pmatrix} 1 \\ 0 \\ 0 \end{pmatrix}, \alpha_2 = \begin{pmatrix} 1 \\ 1 \\ 1 \end{pmatrix}, \alpha_3 = \begin{pmatrix} 2 \\ 1 \\ 1 \end{pmatrix}, \alpha_4 = \begin{pmatrix} 4 \\ 2 \\ 3 \end{pmatrix},$$

求该向量组的秩和极大线性无关组.

解 设矩阵 $A = (\alpha_1, \alpha_2, \alpha_3, \alpha_4)$，用初等行变换将矩阵 A 化为行阶梯形.

$$\begin{pmatrix} 1 & 1 & 2 & 4 \\ 0 & 1 & 1 & 2 \\ 0 & 1 & 1 & 3 \end{pmatrix} \rightarrow \begin{pmatrix} 1 & 1 & 2 & 4 \\ 0 & 1 & 1 & 2 \\ 0 & 0 & 0 & 1 \end{pmatrix}$$

根据定理 3.2.1 可知该向量组的秩是 3，且向量组 $\alpha_1, \alpha_2, \alpha_4$ 和向量组 $\alpha_1, \alpha_3, \alpha_4$ 均是其极大线性无关组.

注意：该例表明向量组的极大无关组可以不只是一个，但所有极大无关组所含向量的个数是相等的.

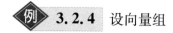 **3.2.4** 设向量组

$$\alpha_1 = \begin{pmatrix} 1 \\ -1 \\ 2 \\ 4 \end{pmatrix}, \alpha_2 = \begin{pmatrix} 0 \\ 3 \\ 1 \\ 2 \end{pmatrix}, \alpha_3 = \begin{pmatrix} 3 \\ 0 \\ 7 \\ 14 \end{pmatrix}, \alpha_4 = \begin{pmatrix} 2 \\ 1 \\ 5 \\ 6 \end{pmatrix}, \alpha_5 = \begin{pmatrix} 1 \\ -1 \\ 2 \\ 0 \end{pmatrix},$$

求该向量组的秩、一个极大线性无关组,并用极大无关组表示其他向量.

解　设矩阵 $A = (\alpha_1, \alpha_2, \alpha_3, \alpha_4, \alpha_5)$,用初等行变换将矩阵 A 化为行最简形.

$$\begin{pmatrix} 1 & 0 & 3 & 2 & 1 \\ -1 & 3 & 0 & 1 & -1 \\ 2 & 1 & 7 & 5 & 2 \\ 4 & 2 & 14 & 6 & 0 \end{pmatrix} \rightarrow \begin{pmatrix} 1 & 0 & 3 & 2 & 1 \\ 0 & 3 & 3 & 3 & 0 \\ 0 & 1 & 1 & 1 & 0 \\ 0 & 2 & 2 & -2 & -4 \end{pmatrix}$$

$$\rightarrow \begin{pmatrix} 1 & 0 & 3 & 2 & 1 \\ 0 & 3 & 3 & 3 & 0 \\ 0 & 0 & 0 & 0 & 0 \\ 0 & 0 & 0 & -4 & -4 \end{pmatrix} \rightarrow \begin{pmatrix} 1 & 0 & 3 & 2 & 1 \\ 0 & 1 & 1 & 1 & 0 \\ 0 & 0 & 0 & 1 & 1 \\ 0 & 0 & 0 & 0 & 0 \end{pmatrix}$$

$$\rightarrow \begin{pmatrix} 1 & 0 & 3 & 0 & -1 \\ 0 & 1 & 1 & 0 & -1 \\ 0 & 0 & 0 & 1 & 1 \\ 0 & 0 & 0 & 0 & 0 \end{pmatrix},$$

从而该向量组的秩是 3,$\alpha_1, \alpha_2, \alpha_4$ 是极大线性无关组,并且

$$\begin{cases} \alpha_3 = 3\alpha_1 + \alpha_2, \\ \alpha_5 = -\alpha_1 - \alpha_2 + \alpha_4. \end{cases}$$

定理 3.2.2　向量组 $\beta_1, \beta_2, \cdots, \beta_t$ 可由向量组 $\alpha_1, \alpha_2, \cdots, \alpha_s$ 线性表示,若 $t > s$,则向量组 $\beta_1, \beta_2, \cdots, \beta_t$ 线性相关.

该定理的证明较麻烦这里省略.

推论 1　向量组 $\beta_1, \beta_2, \cdots, \beta_t$ 可由向量组 $\alpha_1, \alpha_2, \cdots, \alpha_s$ 线性表示,且向量组 $\beta_1, \beta_2, \cdots, \beta_t$ 线性无关,则 $t \leqslant s$.

推论 2　任意 $n+1$ 个 n 维向量必线性相关.

证明　由于每个 n 维向量都可以被 n 维单位向量组 $\varepsilon_1,\varepsilon_2,\cdots,\varepsilon_n$ 线性表示,又由于 $n+1>n$,所以必线性相关.

推论 3　向量组 $\beta_1,\beta_2,\cdots,\beta_t$ 可由向量组 $\alpha_1,\alpha_2,\cdots,\alpha_s$ 线性表示,则向量组 $\beta_1,\beta_2,\cdots,\beta_t$ 的秩小于等于向量组 $\alpha_1,\alpha_2,\cdots,\alpha_s$ 的秩.

证明　不妨设向量组 $\alpha_1,\alpha_2,\cdots,\alpha_s$ 的极大无关组为 $\alpha_{i_1},\alpha_{i_2},\cdots,\alpha_{i_{r_1}}$,向量组 $\beta_1,\beta_2,\cdots,\beta_t$ 的极大无关组为 $\beta_{i_1},\beta_{i_2},\cdots,\beta_{i_{r_2}}$.根据性质 3.2.6 知向量组 $\beta_{i_1},\beta_{i_2},\cdots,\beta_{i_{r_2}}$ 可以由向量组 $\alpha_{i_1},\alpha_{i_2},\cdots,\alpha_{i_{r_1}}$ 线性表示,又向量组 $\beta_{i_1},\beta_{i_2},\cdots,\beta_{i_{r_2}}$ 线性无关,$r_2 \leqslant r_1$.结论成立.

推论 4　任意两个等价的向量组必有相等的秩.

证明　设向量组 $\alpha_1,\alpha_2,\cdots,\alpha_s$ 和向量组 $\beta_1,\beta_2,\cdots,\beta_t$ 等价,不妨设向量组 $\alpha_1,\alpha_2,\cdots,\alpha_s$ 的极大无关组为 $\alpha_{i_1},\alpha_{i_2},\cdots,\alpha_{i_{r_1}}$,向量组 $\beta_1,\beta_2,\cdots,\beta_t$ 的极大无关组为 $\beta_{i_1},\beta_{i_2},\cdots,\beta_{i_{r_2}}$.根据性质 3.2.6 和等价向量组的传递性知向量组 $\alpha_{i_1},\alpha_{i_2},\cdots,\alpha_{i_{r_1}}$ 和向量组 $\beta_{i_1},\beta_{i_2},\cdots,\beta_{i_{r_2}}$ 等价,又由于它们都是线性无关的,所以 $r_1 \leqslant r_2$ 且 $r_2 \leqslant r_1$,故 $r_1 = r_2$.所以向量组 $\alpha_1,\alpha_2,\cdots,\alpha_s$ 和向量组 $\beta_1,\beta_2,\cdots,\beta_t$ 具有相同的秩.

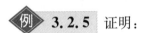 **3.2.5**　证明:

(1)设 A,B 均是 $m \times n$ 矩阵,则 $r(A+B) \leqslant r(A)+r(B)$;

(2)设 A 是 $m \times s$ 矩阵,B 是 $s \times n$ 矩阵,则 $r(AB) \leqslant \min\{r(A),r(B)\}$.

证明　(1)设矩阵 A,B 的秩分别是 r_1,r_2,将 A,B 按列分块写出

$$A = (\alpha_1,\alpha_2,\cdots,\alpha_n),B = (\beta_1,\beta_2,\cdots,\beta_n),$$

从而

$$A+B = (\alpha_1+\beta_1,\alpha_2+\beta_2,\cdots,\alpha_n+\beta_n).$$

设 A,B 列向量的极大无关组分别是 $\alpha_{i_1},\alpha_{i_2},\cdots,\alpha_{i_{r_1}}$ 和 $\beta_{i_1},\beta_{i_2},\cdots,\beta_{i_{r_2}}$,则 $A+B$ 的列向量可以由向量组 $\alpha_{i_1},\alpha_{i_2},\cdots,\alpha_{i_{r_1}},\beta_{i_1},\beta_{i_2},\cdots,\beta_{i_{r_2}}$ 线性表示,所以

$$r(A+B) \leqslant r\{\alpha_{i_1},\alpha_{i_2},\cdots,\alpha_{i_{r_1}},\beta_{i_1},\beta_{i_2},\cdots,\beta_{i_{r_2}}\} \leqslant r(A)+r(B).$$

(2)设 $A = (\alpha_1,\alpha_2,\cdots,\alpha_s),B = \begin{pmatrix} b_{11} & b_{12} & \cdots & b_{1n} \\ b_{21} & b_{22} & \cdots & b_{2n} \\ \vdots & \vdots & & \vdots \\ b_{s1} & b_{s2} & \cdots & b_{sn} \end{pmatrix}$,则

$$AB = (\alpha_1, \alpha_2, \cdots, \alpha_s) \begin{bmatrix} b_{11} & b_{12} & \cdots & b_{1n} \\ b_{21} & b_{22} & \cdots & b_{2n} \\ \vdots & \vdots & & \vdots \\ b_{s1} & b_{s2} & \cdots & b_{sn} \end{bmatrix} = \left(\sum_{i=1}^{s} b_{i1}\alpha_i, \sum_{i=1}^{s} b_{i2}\alpha_i, \cdots, \sum_{i=1}^{s} b_{is}\alpha_i \right).$$

所以矩阵 AB 的列向量可以被 A 的列向量 $\alpha_1, \alpha_2, \cdots, \alpha_s$ 线性表示，所以

$$r(AB) = r\left(\sum_{i=1}^{s} b_{i1}\alpha_i, \sum_{i=1}^{s} b_{i2}\alpha_i, \cdots, \sum_{i=1}^{s} b_{is}\alpha_i \right) \leqslant r(\alpha_1, \alpha_2, \cdots, \alpha_s) = r(A),$$

类似的可以证得

$$r(AB) \leqslant r(B),$$

综合可知

$$r(AB) \leqslant \min\{r(A), r(B)\}.$$

3.3　Gauss 消元法与线性方程组的相容性

对于线性方程组，只有当方程的个数等于未知数的个数且系数行列式不等于零时，才能用 Crame 法则或者逆矩阵求出其解. 本节及其以下将以矩阵为工具来讨论一般线性方程组，即含有 n 个未知数 m 个方程的方程组的解的情况，并回答以下三个问题.

(1)如何判定线性方程组是否有解？

(2)在有解的情况下，解是否唯一？

(3)在解不唯一时，解的结构如何？

3.3.1　线性方程组的概念

一般地，一个线性方程组的一般形式

$$\begin{cases} a_{11}x_1 + a_{12}x_2 + \cdots + a_{1n}x_n = b_1, \\ a_{21}x_1 + a_{22}x_2 + \cdots + a_{2n}x_n = b_2, \\ \cdots\cdots\cdots\cdots\cdots\cdots\cdots\cdots\cdots\cdots\cdots\cdots \\ a_{m1}x_1 + a_{m2}x_2 + \cdots + a_{mn}x_n = b_m. \end{cases} \quad (3.3.1)$$

式 (3.3.1) 中的系数 $a_{ij}, (i = 1, 2, \cdots, m; j = 1, 2, \cdots, n)$，常数项 $b_i(i = 1, 2, \cdots, m)$ 均是已知数，而 $x_j(j = 1, 2, \cdots, n)$ 是未知数（也称元），当 $b_i(i = 1, 2, \cdots, m)$ 不全等于零时，称式 (3.3.1) 为**非齐次线性方程组**，当

$b_i(i=1,2,\cdots,m)$ 全等于零时,称式(3.3.1)为**齐次线性方程组**,即

$$\begin{cases} a_{11}x_1 + a_{12}x_2 + \cdots + a_{1n}x_n = 0, \\ a_{21}x_1 + a_{22}x_2 + \cdots + a_{2n}x_n = 0, \\ \cdots\cdots\cdots\cdots\cdots\cdots\cdots\cdots \\ a_{m1}x_1 + a_{m2}x_2 + \cdots + a_{mn}x_n = 0. \end{cases} \tag{3.3.2}$$

线性方程组(3.3.1)的矩阵表达式为

$$AX = B. \tag{3.3.3}$$

式中

$$A = \begin{pmatrix} a_{11} & a_{12} & \cdots & a_{1n} \\ a_{21} & a_{22} & \cdots & a_{2n} \\ \vdots & \vdots & & \vdots \\ a_{m1} & a_{m2} & \cdots & a_{mn} \end{pmatrix}$$

称为系数矩阵,

$$X = \begin{pmatrix} x_1 \\ x_2 \\ \vdots \\ x_n \end{pmatrix}$$

称为未知数矩阵,又可以称为未知数向量,

$$B = \begin{pmatrix} b_1 \\ b_2 \\ \vdots \\ b_m \end{pmatrix}$$

称为常数矩阵,又称为常数向量.

把矩阵 $\overline{A} = (A \ \vdots \ B)$,即

$$\overline{A} = \begin{pmatrix} a_{11} & a_{12} & \cdots & a_{1n} & b_1 \\ a_{21} & a_{22} & \cdots & a_{2n} & b_2 \\ \vdots & \vdots & & \vdots & \vdots \\ a_{m1} & a_{m2} & \cdots & a_{mn} & b_m \end{pmatrix} \tag{3.3.4}$$

称为线性方程组(3.3.1)的**增广矩阵**,显然方程组(3.3.1)完全由它的增广矩阵所决定.以后我们将以矩阵为工具来研究线性方程组(3.3.1)的解的一般性质.

若存在 n 个数 $x_1^0, x_2^0, \cdots, x_n^0$ 满足线性方程组(3.3.1),或者将 x_1^0, $x_2^0, \cdots, x_n^0$ 代入线性方程组(3.3.1)中,使得每个方程均为恒等式,则称 $x_0 = (x_1^0, x_2^0, \cdots, x_n^0)^T$ 为线性方程组(3.3.1)的解,线性方程组(3.3.1.1)所有的解构成的集合称为该方程组的**解集合**. 如果两个线性方程组具有相同的解集合,则称这两个方程组为**同解方程组**.

3.3.2　高斯(Gauss)消元法

本部分将研究初等变换不改变线性方程组的解.

> **定理 3.3.1**　若将线性方程组的增广矩阵 $(A \ \vdots \ B)$ 实施初等行变换至 $(U \ \vdots \ V)$,则方程组 $AX = B$ 和 $UX = V$ 是**同解方程组**.

证明　由于对矩阵作一次初等行变化相当于左乘一个初等矩阵,因此存在初等矩阵 $P_1, P_2, \cdots, P_k$,满足

$$P_1, P_2, \cdots, P_k(A \ \vdots \ B) = (U \ \vdots \ V),$$

记 $P = P_1 P_2 \cdots P_k$,显然 P 可逆,若设 X_0 为 $AX = B$ 的任一个解,即

$$AX_0 = B,$$

对上式两边同时左乘可逆矩阵 P,得

$$PAX_0 = PB,$$

即

$$UX_0 = V,$$

于是 X_0 也是 $UX = V$ 的一个解.

反之设 $\tilde{X}_0$ 也是 $UX = V$ 的任一个解,即

$$U\tilde{X}_0 = V,$$

两边同时左乘矩阵 P^{-1},有

$$P^{-1}U\tilde{X}_0 = P^{-1}V,$$

即

$$A\tilde{X}_0 = B,$$

所以 $\tilde{X}_0$ 也是 $AX = B$ 的解.

综合所述,方程组 $AX = B$ 和 $UX = V$ 是同解方程组.

> **定理 3.3.2** 告诉我们求线性方程组(3.3.1)的解,只要对其增广矩阵 $(A \vdots B)$ 实施初等行变换至行最简形,求出行最简形所对应的新的线性方程组的解,由于两者是同解方程,所以该解也是线性方程组(3.3.1)的解. 这个方法称为高斯(Gauss)消元法. 下面举例说明利用高斯消元法来求解一般的线性方程组.

例 3.3.1 解线性方程组

$$\begin{cases} x_1 - x_2 + 2x_3 - 3x_4 = 1, \\ 2x_1 - x_2 + 3x_3 - 4x_4 = 3, \\ 3x_1 - 2x_2 + 4x_3 - 8x_4 = 6. \end{cases} \tag{3.3.5}$$

解 首先写出该方程组的增广矩阵,将增广矩阵化为行最简形,有

$$\begin{bmatrix} 1 & -1 & 2 & -3 & 1 \\ 2 & -1 & 3 & -4 & 3 \\ 3 & -2 & 4 & -8 & 6 \end{bmatrix} \rightarrow \begin{bmatrix} 1 & -1 & 2 & -3 & 1 \\ 0 & 1 & -1 & 2 & 1 \\ 0 & 1 & -2 & 1 & 3 \end{bmatrix}$$

$$\rightarrow \begin{bmatrix} 1 & 0 & 1 & -1 & 2 \\ 0 & 1 & -1 & 2 & 1 \\ 0 & 0 & -1 & -1 & 2 \end{bmatrix} \rightarrow \begin{bmatrix} 1 & 0 & 0 & -2 & 4 \\ 0 & 1 & 0 & 3 & -1 \\ 0 & 0 & 1 & 1 & -2 \end{bmatrix},$$

行最简形对应的线性方程组为

$$\begin{cases} x_1 - 2x_4 = 4, \\ x_2 + 3x_4 = -1, \\ x_3 + x_4 = -2. \end{cases} \tag{3.3.6}$$

将方程组(3.3.6)中含 x_4 的项移至等号的右端,得

$$\begin{cases} x_1 = 2x_4 + 4, \\ x_2 = -3x_4 - 1, \\ x_3 = -x_4 - 2. \end{cases} \tag{3.3.7}$$

显然,未知数 x_4 任意取定一个值,带入表达式(3.3.7)就可以求出相应的 x_1, x_2, x_3 的值. 这样,得到的 x_1, x_2, x_3, x_4 的一组值也是原方程组(3.3.5)的一个解. 由于 x_4 的任意性,因此方程组(3.3.5)有无数多个解. 反之方程组(3.3.5)的任意一个解也一定是方程组(3.3.6)的解,它也一定可以表示成表

达式(3.3.7)的形式.由此可见表达式(3.3.7)表示了方程组(3.3.5)的所有解.表达式(3.3.7)中右端的未知数 x_4 称为自由未知数(自由未知元),用自由未知数来表达其他未知数的表达式(3.3.7)称为方程组(3.3.5)的一般解.

进一步的令 $x_4 = k$,则一般解(3.3.7)可以改写成

$$\begin{cases} x_1 = 2k + 4, \\ x_2 = -3k - 1, \\ x_3 = -k - 2, \\ x_4 = k. \end{cases} \tag{3.3.8}$$

若把方程组(3.3.5)的解写成矩阵的形式,即

$$\begin{pmatrix} x_1 \\ x_2 \\ x_3 \\ x_4 \end{pmatrix} = \begin{pmatrix} 2k + 4 \\ -3k - 1 \\ -k - 2 \\ k \end{pmatrix} = \begin{pmatrix} 4 \\ -1 \\ -2 \\ 0 \end{pmatrix} + k \begin{pmatrix} 2 \\ -3 \\ -1 \\ 1 \end{pmatrix}, \tag{3.3.9}$$

式中 k 是任意的常数,式(3.3.9)即为方程组(3.3.5)所有解的矩阵形式.

例 3.3.2 解齐次线性方程组

$$\begin{cases} x_1 + 3x_2 - 2x_3 + 2x_4 - x_5 = 0, \\ -2x_1 - 5x_2 + x_3 - 5x_4 + 3x_5 = 0, \\ 3x_1 + 7x_2 - x_3 + x_4 - 3x_5 = 0, \\ -x_1 - 4x_2 + 5x_3 - x_4 = 0. \end{cases} \tag{3.3.10}$$

解　对方程组(3.3.10)的增广矩阵实施初等行变换,使其化为行最简形,得

$$\begin{pmatrix} 1 & 3 & -2 & 2 & -1 & 0 \\ -2 & -5 & 1 & -5 & 3 & 0 \\ 3 & 7 & -1 & 1 & -3 & 0 \\ -1 & -4 & 5 & -1 & 0 & 0 \end{pmatrix} \rightarrow \begin{pmatrix} 1 & 3 & -2 & 2 & -1 & 0 \\ 0 & 1 & -3 & -1 & 1 & 0 \\ 0 & -2 & 5 & -5 & 0 & 0 \\ 0 & -1 & 3 & 1 & -1 & 0 \end{pmatrix}$$

$$\rightarrow \begin{pmatrix} 1 & 0 & 7 & 5 & -4 & 0 \\ 0 & 1 & -3 & -1 & 1 & 0 \\ 0 & 0 & -1 & -7 & 2 & 0 \\ 0 & 0 & 0 & 0 & 0 & 0 \end{pmatrix} \rightarrow \begin{pmatrix} 1 & 0 & 0 & -44 & 10 & 0 \\ 0 & 1 & 0 & 20 & -5 & 0 \\ 0 & 0 & 1 & 7 & -2 & 0 \\ 0 & 0 & 0 & 0 & 0 & 0 \end{pmatrix}$$

最简形矩阵所对应的方程组为

$$\begin{cases} x_1 - 44x_4 + 10x_5 = 0, \\ x_2 + 20x_4 - 5x_5 = 0, \\ x_3 + 7x_4 - 2x_5 = 0. \end{cases} \tag{3.3.11}$$

将 x_4, x_5 移至等号的右端,得

$$\begin{cases} x_1 = 44x_4 - 10x_5, \\ x_2 = -20x_4 + 5x_5, \\ x_3 = -7x_4 + 2x_5. \end{cases} \tag{3.3.12}$$

式子(3.3.12)就是线性方程组(3.3.10)的一般解,其中 x_4, x_5 是自由未知元. 若写成矩阵的形式,可以令自由元 x_4 取任意的常数 k_1,自由元 x_5 取任意的常数 k_2,这样方程组(3.3.10)的所有解为

$$\begin{bmatrix} x_1 \\ x_2 \\ x_3 \\ x_4 \\ x_5 \end{bmatrix} = \begin{bmatrix} 44k_1 - 10k_2 \\ -20k_1 + 5k_2 \\ -7k_1 + 2k_2 \\ k_1 \\ k_2 \end{bmatrix} = k_1 \begin{bmatrix} 44 \\ -20 \\ -7 \\ 1 \\ 0 \end{bmatrix} + k_2 \begin{bmatrix} -10 \\ 5 \\ 2 \\ 0 \\ 1 \end{bmatrix},$$

其中 k_1, k_2 是任意的常数.

例 3.3.3 解齐次线性方程组

$$\begin{cases} 2x_1 + x_2 + 3x_3 = 6, \\ 3x_1 + 2x_2 + x_3 = 6, \\ 5x_1 + 3x_2 + 4x_3 = 27. \end{cases} \tag{3.3.13}$$

解 将方程组(3.3.13)的增广矩阵实施初等行变换化为行最简形,又

$$(A \vdots B) = \begin{bmatrix} 2 & 1 & 3 & 6 \\ 3 & 2 & 1 & 6 \\ 5 & 3 & 4 & 27 \end{bmatrix} \rightarrow \begin{bmatrix} 2 & 1 & 3 & 6 \\ 1 & 1 & -2 & 0 \\ 1 & 1 & -2 & 15 \end{bmatrix}$$

$$\rightarrow \begin{bmatrix} 1 & 1 & -2 & 0 \\ 0 & -1 & 7 & 6 \\ 0 & 0 & 0 & 15 \end{bmatrix} \rightarrow \begin{bmatrix} 1 & 0 & 5 & 6 \\ 0 & 1 & -7 & -6 \\ 0 & 0 & 0 & 15 \end{bmatrix},$$

最简形矩阵所对应的方程组为

$$\begin{cases} x_1 + 5x_3 = 6, \\ x_2 - 7x_3 = -6, \\ 0x_3 = 15. \end{cases} \tag{3.3.14}$$

显然不可能有 x_1, x_2, x_3 的值满足第三个方程,因此方程组(3.3.14)无解,原方程组(3.3.13)也无解.

通过上面的三个例子,可以归纳出利用高斯消元法解线性方程组(3.3.1)的一般步骤:

(1)写出方程组(3.3.1)的增广矩阵 $(A \vdots B)$,并将 $(A \vdots B)$ 实施初等行变换至行最简形;

(2)称最简形矩阵中首个非零元所在的列的未知数(元)称为基本未知数(元),不妨设为 r,其余未知数(元)称为自由未知数(元),共有 $n-r$;

(3)将最简形所对应的方程组写出,把该方程自由未知数(元)移到方程的右端,得出非自由数(元)用自由数(元)表示的表达式,这就是方程组(3.3.1)全部的解;

(4)为求方程组(3.3.1)全部解的矩阵形式,就是把 $n-r$ 个自由元依次令为任意常数 $k_1, k_2, \cdots, k_{n-r}$ 对应解出基本元,即可写出方程组(3.3.1)全部解的矩阵形式.

3.3.3　线性方程组的相容性

由前面的 3 个例子我们知道并不是所有的线性方程组均有解,为此我们给出如下概念.

> **定义 3.3.1**　若线性方程组(3.3.1)有解,称此方程组是**相容的**,否则称方程组是**不相容的**.

由高斯消元法知,线性方程组(3.3.1)是否有解,就是看方程组(3.3.1)的增广矩阵 $(A \vdots B)$ 和系数矩阵 A 实施初等行变换化为最简形后的非零行行数是否相等.从第 2 章我们知道一个矩阵用初等变换化为行最简形后非零行的行数就是该矩阵的秩,因此,可以用矩阵的秩来反映线性方程组(3.3.1)是否相容?

定理 3.3.3 线性方程组(3.3.1)有解的充要条件是
$$r((A \vdots B)) = r(A).$$

证明 首先将线性方程组(3.3.1)写成矩阵(3.3.3)的形式,再将矩阵 A 与 X 写成列向量形式,即

$$A = (\alpha_1, \alpha_2, \cdots, \alpha_n), \quad X = \begin{bmatrix} x_1 \\ x_2 \\ \vdots \\ x_n \end{bmatrix}$$

则(3.3.3)等价于

$$x_1\alpha_1 + x_2\alpha_2 + \cdots + x_n\alpha_n = B$$

这样方程组(3.3.1)有解等价于向量 B 可以由向量组 $\alpha_1, \alpha_2, \cdots, \alpha_n$ 线性表出,所以向量组 $\alpha_1, \alpha_2, \cdots, \alpha_n$ 和向量组 $\alpha_1, \alpha_2, \cdots, \alpha_n, B$ 等价,所以线性方程组(3.3.1)有解的等价于 $r((A \vdots B)) = r(A)$.

本定理已经圆满的回答了本节开始所提的第一个问题,而第二个问题高斯消元法也给出了回答,即当 $r((A \vdots B)) = r(A) = r < n$ 时,方程组有 r 个基本未知元,$n-r$ 个自由未知元,只要有自由未知元,方程组(3.3.1)的解就有无穷多个,而当方程组没有自由未知元,即 $r((A \vdots B)) = r(A) = r = n$,方程组有唯一解,为此我们有如下定理:

定理 3.3.4 线性方程组(3.3.1)解的情况如下:
(1)当 $r((A \vdots B)) = r(A) = r$ 时,方程组有解,进一步当 $r < n$,方程组(3.3.1)有无数多解,当 $r = n$ 时,方程组(3.3.1)有唯一解.
(2)当 $r((A \vdots B)) \neq r(A)$ 时,方程组(3.3.1)无解.

例 3.3.4 判定下列方程组的相容性以及相容时解的个数:

$$(1)\begin{cases} x_1 - x_2 + 2x_3 = 3, \\ 2x_1 + 3x_2 - 4x_3 = 2, \\ 3x_1 + 2x_2 - 2x_3 = 5, \\ 5x_1 + 5x_2 - 6x_3 = 7; \end{cases} \qquad (2)\begin{cases} x_1 - x_2 + 2x_3 = 3, \\ 2x_1 + 3x_2 - 4x_3 = 2, \\ 3x_1 + 2x_2 - 2x_3 = 5, \\ 5x_1 + 5x_2 - 6x_3 = 9; \end{cases}$$

$$(3)\begin{cases} x_1 - x_2 + 2x_3 = 3, \\ 2x_1 + 3x_2 - 4x_3 = 2, \\ 3x_1 + 2x_2 - 2x_3 = 5, \\ 5x_1 - 5x_2 - 6x_3 = 7. \end{cases}$$

解　分别对以上三个方程组的增广矩阵作初等行变换得

$$(1)\begin{pmatrix} 1 & -1 & 2 & 3 \\ 2 & 3 & -4 & 2 \\ 3 & 2 & -2 & 5 \\ 5 & 5 & -6 & 7 \end{pmatrix} \rightarrow \begin{pmatrix} 1 & -1 & 2 & 3 \\ 0 & 5 & -8 & -4 \\ 0 & 5 & -8 & -4 \\ 0 & 10 & -16 & -8 \end{pmatrix} \rightarrow \begin{pmatrix} 1 & 0 & \dfrac{2}{5} & \dfrac{11}{5} \\ 0 & 1 & -\dfrac{8}{5} & -\dfrac{4}{5} \\ 0 & 0 & 0 & 0 \\ 0 & 0 & 0 & 0 \end{pmatrix}.$$

$$(2)\begin{pmatrix} 1 & -1 & 2 & 3 \\ 2 & 3 & -4 & 2 \\ 3 & 2 & -2 & 5 \\ 5 & 5 & -6 & 9 \end{pmatrix} \rightarrow \begin{pmatrix} 1 & -1 & 2 & 3 \\ 0 & 5 & -8 & -4 \\ 0 & 5 & -8 & -4 \\ 0 & 10 & -16 & -6 \end{pmatrix} \rightarrow \begin{pmatrix} 1 & 0 & \dfrac{2}{5} & \dfrac{11}{5} \\ 0 & 1 & -\dfrac{8}{5} & -\dfrac{4}{5} \\ 0 & 0 & 0 & 2 \\ 0 & 0 & 0 & 0 \end{pmatrix}.$$

$$(3)\begin{pmatrix} 1 & -1 & 2 & 3 \\ 2 & 3 & -4 & 2 \\ 3 & 2 & -2 & 5 \\ 5 & -5 & -6 & 7 \end{pmatrix} \rightarrow \begin{pmatrix} 1 & -1 & 2 & 3 \\ 0 & 5 & -8 & -4 \\ 0 & 5 & -8 & -4 \\ 0 & 0 & -16 & -8 \end{pmatrix}$$

$$\rightarrow \begin{pmatrix} 1 & 0 & \dfrac{2}{5} & \dfrac{11}{5} \\ 0 & 1 & -\dfrac{8}{5} & -\dfrac{4}{5} \\ 0 & 0 & 1 & \dfrac{1}{2} \\ 0 & 0 & 0 & 0 \end{pmatrix} \rightarrow \begin{pmatrix} 1 & 0 & 0 & 2 \\ 0 & 1 & 0 & 0 \\ 0 & 0 & 1 & \dfrac{1}{2} \\ 0 & 0 & 0 & 0 \end{pmatrix}.$$

由此可知：

(1)由于 $r(A) = r((A \vdots B)) = 2 < 3$，所以方程组(1)有无穷多个解；

(2)由于 $r(A) = 2 < r((A \vdots B)) = 3$，所以方程组(2)无解；

(3)由于 $r(A) = r((A \vdots B)) = 3$，所以方程组(3)有唯一解.

例 3.3.5 讨论 λ, μ 取何值时,方程组

$$\begin{cases} x_1 + 2x_2 + 3x_3 = 6, \\ x_1 - x_2 + 6x_3 = 0, \\ 3x_1 - 2x_2 + \lambda x_3 = \mu \end{cases}$$

无解? 有唯一解? 有无穷多解?

解 对增广矩阵实施初等行变换至行最简形矩阵,有

$$\begin{bmatrix} 1 & 2 & 3 & 6 \\ 1 & -1 & 6 & 0 \\ 3 & -2 & \lambda & \mu \end{bmatrix} \rightarrow \begin{bmatrix} 1 & 2 & 3 & 6 \\ 0 & -3 & 3 & -6 \\ 0 & -8 & \lambda-9 & \mu-18 \end{bmatrix}$$

$$\rightarrow \begin{bmatrix} 1 & 0 & 5 & 2 \\ 0 & 1 & -1 & 2 \\ 0 & 0 & \lambda-17 & \mu-2 \end{bmatrix},$$

可以知道:

$$r(A) = \begin{cases} 2, 当\lambda = 17 时; \\ 3, 当\lambda \neq 17 时. \end{cases} r(A \vdots B) = \begin{cases} 2, 当\lambda = 17 且 \mu = 2 时; \\ 3, 其他. \end{cases}$$

因此,当 $\lambda = 17$ 时而 $\mu \neq 2$ 时,方程组无解;

当 $\lambda \neq 17$ 时,方程组有唯一解;

当 $\lambda = 17$ 且 $\mu = 2$ 时,方程组有无穷多解.

由于齐次方程组的增广矩阵的最后一列全是零,所以一定有 $r(A) = r((A \vdots B)) = r$,(对于齐次方程组以后只需要对其系数矩阵 A 实施初等变换)从而齐次方程组一定有解,比如所有的未知数全等于零就是其解,称为**零解**,又称为**平凡解**,对于齐次方程组如何判断其有非零解呢? 由定理 3.3.4 可得。

定理 3.3.5 对于线性方程组(3.3.2)的解,有如下结论:

(1)有非零解的充要条件是 $r(A) = r < n$;

(2)只有零解的充要条件是 $r(A) = n$.

定理 3.3.6 对于一般的矩阵方程 $AX = B$(A, B 是已知矩阵,X 是未知矩阵)有解的充要条件是 $r(A \vdots B) = r(A)$.

3.3.6 设 A,B 是非零矩阵且满足乘法条件,记 $AB = C$,证明

$$r(AB) = r(C) \leqslant \min\{r(A), r(B)\}.$$

证明 由于 $AB = C$,所以矩阵方程 $AX = C$ 有解,矩阵 B 就是它的解,根据定理 3.3.6 知 $r(A \vdots C) = r(A)$,此外易知 $r(C) \leqslant r(A \vdots C) = r(A)$.

又由于 $B^T A^T = C^T$,所以 $r(C) = r(C^T) \leqslant r(B^T) = r(B)$.

综合上述便有 $r(AB) = r(C) \leqslant \min\{r(A), r(B)\}$.

3.4 线性方程组的解结构

3.4.1 齐次线性方程组的解结构

由定理 3.3.5 可以知道,对于齐次线性方程组(3.3.2),即

$$AX = 0 \qquad\qquad (3.4.1)$$

其中 $A = \begin{pmatrix} a_{11} & a_{12} & \cdots & a_{1n} \\ a_{21} & a_{22} & \cdots & a_{2n} \\ \vdots & \vdots & & \vdots \\ a_{m1} & a_{m2} & \cdots & a_{mn} \end{pmatrix}$,是方程组(3.3.2)的系数矩阵,我们可以将

(3.4.1)的解归纳如下:

(1)方程组(3.4.1)只有零解的充要条件是 $r(A) = n$.

(2)方程组(3.4.1)有非零解的充要条件是 $r(A) = r < n$,此时该方程组有 $n - r$ 自由未知元.

下面首先讨论方程组(3.3.2)(以下用(3.4.1)表示)解的性质.

性质 3.4.1 设 $X = \eta_1, X = \eta_2$ 均是齐次方程组 $AX = 0$ 的解,则 $X = \eta_1 + \eta_2$ 也是 $AX = 0$ 的解.

证明 由已知条件知 $A\eta_1 = 0, A\eta_2 = 0$,所以

$$A(\eta_1 + \eta_2) = A\eta_1 + A\eta_2 = 0 + 0 = 0.$$

> **性质 3.4.2**　设 $X = \eta$ 是齐次方程组 $AX = 0$ 的解, k 是任意的实数, 则 $X = k\eta$ 也是 $AX = 0$ 的解.

证明　由已知条件知 $A\eta = 0$, 所以

$$A(k\eta_1) = kA\eta_1 = k0 = 0.$$

综合以上两条可以知道, 齐次线性方程组的解向量的线性组合仍是解向量, 即, 若设 $\eta_1, \eta_2, \cdots, \eta_{n-r}$ 为齐次线性方程组 (3.4.1) 的 $n - r$ 个解, k_1, $k_2, \cdots, k_{n-r}$ 是任意 $n - r$ 个实数, 则 $k_1\eta_1 + k_2\eta_2 + \cdots + k_{n-r}\eta_{n-r}$ 也是齐次线性方程组 (3.4.1) 的一个解.

> **定义 3.4.1**　齐次方程组 (3.4.1) 的所有解向量所成的集合, 称之为齐次方程组 (3.4.1) 的**解空间**, 易知该解空间是 R^n 的一个子空间.

下面我们将给出齐次线性方程组 (3.4.1) 的解空间的专用名词——**基础解系**.

> **定义 3.4.2**　齐次方程组 (3.4.1) 有一组解向量 $\eta_1, \eta_2, \cdots, \eta_{n-r}$, 满足如下两个条件:
>
> (1) 解向量组 $\eta_1, \eta_2, \cdots, \eta_{n-r}$ 线性无关;
>
> (2) 齐次方程组 (3.4.1) 的任意一个解 η 均可以用这组解向量线性表示;
>
> 则称解向量组 $\eta_1, \eta_2, \cdots, \eta_{n-r}$ 为齐次线性方程组 (3.4.1) 的一个**基础解系**.

下面我们来求出齐次线性方程组 $AX = 0$ 的一个基础解系.

由定理 3.3.5 知:

(1) 当 $r(A) = n$ 时, 齐次线性方程组 $AX = 0$ 只有零解, 当然没有基础解系.

(2) 当 $r(A) = r < n$ 时, 不妨设矩阵 A 的前 r 列线性无关 (否则可以改变未知数的编号重写编排未知数的次序), 由矩阵的初等行变换将系数矩阵 A

化为行最简形,也就是

$$A \to U = \begin{pmatrix} 1 & 0 & \cdots & 0 & b_{1r+1} & b_{1r+2} & \cdots & b_{1n} \\ 0 & 1 & \cdots & 0 & b_{2r+1} & b_{2r+2} & \cdots & b_{2n} \\ \vdots & \vdots & & \vdots & \vdots & \vdots & & \vdots \\ 0 & 0 & \cdots & 1 & b_{rr+1} & b_{rr+2} & \cdots & b_{rn} \\ 0 & 0 & \cdots & 0 & 0 & 0 & \cdots & 0 \\ \vdots & \vdots & & \vdots & \vdots & \vdots & & \vdots \\ 0 & 0 & \cdots & 0 & 0 & 0 & \cdots & 0 \end{pmatrix}. \quad (3.4.2)$$

根据定理 3.3.2 可知齐次线性方程组 $AX = 0$,等价于同解齐次线性方程组 $UX = 0$,即

$$\begin{cases} x_1 + b_{1r+1}x_{r+1} + b_{1r+2}x_{r+2} + \cdots + b_{1n}x_n = 0, \\ x_2 + b_{2r+1}x_{r+1} + b_{2r+2}x_{r+2} + \cdots + b_{2n}x_n = 0, \\ \quad\quad \cdots\cdots\cdots\cdots\cdots \\ x_r + b_{rr+1}x_{r+1} + b_{rr+2}x_{r+2} + \cdots + b_{rn}x_n = 0. \end{cases} \quad (3.4.3)$$

易知方程组(3.4.3)的自由未知元是 $x_{r+1}, x_{r+2}, \cdots, x_n$, 将自由未知元移至方程的右端,得

$$\begin{cases} x_1 = -b_{1r+1}x_{r+1} - b_{1r+2}x_{r+2} - \cdots - b_{1n}x_n, \\ x_2 = -b_{2r+1}x_{r+1} - b_{2r+2}x_{r+2} - \cdots - b_{2n}x_n, \\ \quad\quad \cdots\cdots\cdots\cdots\cdots \\ x_r = -b_{rr+1}x_{r+1} - b_{rr+2}x_{r+2} - \cdots - b_{rn}x_n. \end{cases} \quad (3.4.4)$$

任取自由元 $x_{r+1}, x_{r+2}, \cdots, x_n$ 的一组值 $x_{r+1}^0, x_{r+2}^0, \cdots, x_n^0$, 将其带入方程组 (3.4.4)就可以确定基本未知元 $x_1, x_2, \cdots, x_r$ 的一组值 $x_1^0, x_2^0, \cdots, x_r^0$, 从而得到 $UX = 0$ 的一个解 $X_0 = (x_1^0, x_2^0, \cdots, x_r^0, x_{r+1}^0, x_{r+2}^0, \cdots, x_n^0)$, 也就是 $AX = 0$ 的一个解.

另外为方便起见,一般令自由元 $x_{r+1}, x_{r+2}, \cdots, x_n$ 取 $n - r$ 维空间的标准单位向量组,即

$$\begin{pmatrix} x_{r+1} \\ x_{r+2} \\ \vdots \\ x_n \end{pmatrix} = \begin{pmatrix} 1 \\ 0 \\ \vdots \\ 0 \end{pmatrix}, \begin{pmatrix} 0 \\ 1 \\ \vdots \\ 0 \end{pmatrix}, \cdots, \begin{pmatrix} 0 \\ 0 \\ \vdots \\ 1 \end{pmatrix}.$$

分别带入式(3.4.4),依次得出基本未知元

$$\begin{pmatrix} x_1 \\ x_2 \\ \vdots \\ x_r \end{pmatrix} = \begin{pmatrix} -b_{1r+1} \\ -b_{2r+1} \\ \vdots \\ -b_{rr+1} \end{pmatrix}, \begin{pmatrix} -b_{1r+2} \\ -b_{2r+2} \\ \vdots \\ -b_{rr+2} \end{pmatrix}, \cdots, \begin{pmatrix} -b_{1n} \\ -b_{2n} \\ \vdots \\ -b_{rn} \end{pmatrix}.$$

从而得出 $AX = 0$ 的一组解

$$\eta_1 = \begin{pmatrix} -b_{1r+1} \\ -b_{2r+1} \\ \vdots \\ -b_{rr+1} \\ 1 \\ 0 \\ \vdots \\ 0 \end{pmatrix}, \eta_2 = \begin{pmatrix} -b_{1r+2} \\ -b_{2r+2} \\ \vdots \\ -b_{rr+2} \\ 0 \\ 1 \\ \vdots \\ 0 \end{pmatrix}, \cdots, \eta_{n-r} = \begin{pmatrix} -b_{1n} \\ -b_{2n} \\ \vdots \\ -b_{rn} \\ 0 \\ 0 \\ \vdots \\ 1 \end{pmatrix}.$$

下面我们证明 $\eta_1, \eta_2, \cdots, \eta_{n-r}$ 是齐次方程组 $AX = 0$ 的一个基础解系.

证明　由于 $n-r$ 个 $n-r$ 维标准单位向量组

$$\begin{pmatrix} 1 \\ 0 \\ \vdots \\ 0 \end{pmatrix}, \begin{pmatrix} 0 \\ 1 \\ \vdots \\ 0 \end{pmatrix}, \cdots, \begin{pmatrix} 0 \\ 0 \\ \vdots \\ 1 \end{pmatrix}$$

是线性无关的,根据性质 3.2.5 可知向量组 $\eta_1, \eta_2, \cdots, \eta_{n-r}$ 线性无关.

再证明 $AX = 0$ 的任意一个解 η 可由向量组 $\eta_1, \eta_2, \cdots, \eta_{n-r}$ 线性表出.一方面任取自由未知元 $x_{r+1}, x_{r+2}, \cdots, x_n$ 的一组数 $k_1, k_2, \cdots, k_{n-r}$ 带入式(3.4.4),得到任意一个解为

$$\eta = \begin{pmatrix} d_1 \\ \vdots \\ d_r \\ k_1 \\ \vdots \\ k_{n-r} \end{pmatrix}.$$

另一方面由于 $\eta^* = k_1\eta_1 + k_2\eta_2 + \cdots k_{n-r}\eta_{n-r}$ 也是 $AX = 0$ 的一个解，注意到 η^* 的后 $n-r$ 个分量与 η 的后 $n-r$ 个分量对应相等，即
$$\eta = \eta^* = k_1\eta_1 + k_2\eta_2 + \cdots k_{n-r}\eta_{n-r},$$
也就是 $AX = 0$ 的任意一个解均可以被 $\eta_1, \eta_2, \cdots, \eta_{n-r}$ 线性表出. 这就证明了 $\eta_1, \eta_2, \cdots, \eta_{n-r}$ 是齐次线性方程组 $AX = 0$ 的一个基础解系.

下面给出求齐次线性方程组 $AX = 0$ 解的一般步骤：

(1)写出齐次方程组的系数矩阵 A；

(2)对系数矩阵 A 实施初等行变换至最简形，找出 $n-r$ 个自由元；

(3)令一个自由元为1，其余为零，求出 $n-r$ 个解向量，这 $n-r$ 个解向量就是齐次线性方程组 $AX = 0$ 的一个基础解系.

例 3.4.1 解齐次线性方程组 $\begin{cases} x_1 + 2x_2 + 2x_3 + x_4 = 0, \\ 2x_1 + x_2 - 2x_3 - x_4 = 0, \\ x_1 - x_2 - 4x_3 - 2x_4 = 0. \end{cases}$

解 对系数矩阵实施初等行变化至最简形，得

$$A = \begin{pmatrix} 1 & 2 & 2 & 1 \\ 2 & 1 & -2 & -1 \\ 1 & -1 & -4 & -2 \end{pmatrix} \rightarrow \begin{pmatrix} 1 & 2 & 2 & 1 \\ 0 & -3 & -6 & -3 \\ 0 & -3 & -6 & -3 \end{pmatrix}$$

$$\rightarrow \begin{pmatrix} 1 & 2 & 2 & 1 \\ 0 & 1 & 2 & 1 \\ 0 & 0 & 0 & 0 \end{pmatrix} \rightarrow \begin{pmatrix} 1 & 0 & -2 & -1 \\ 0 & 1 & 2 & 1 \\ 0 & 0 & 0 & 0 \end{pmatrix},$$

可见，$r(A) = 2 < 4$，故原方程组有非零解，且基础解系含有 $n - r = 4 - 2 = 2$ 个解向量，易知自由未知元为 x_3, x_4，原方程组等价于
$$\begin{cases} x_1 = 2x_3 + x_4, \\ x_2 = -2x_3 - x_4, \end{cases}$$

分别令
$$\begin{bmatrix} x_3 \\ x_4 \end{bmatrix} = \begin{bmatrix} 1 \\ 0 \end{bmatrix}, \begin{bmatrix} 0 \\ 1 \end{bmatrix},$$

从而得到一个基础解系为
$$\eta_1 = \begin{bmatrix} 2 \\ -2 \\ 1 \\ 0 \end{bmatrix}, \eta_2 = \begin{bmatrix} 1 \\ -1 \\ 0 \\ 1 \end{bmatrix},$$

所以该方程组的通解为

$$\eta = \begin{pmatrix} x_1 \\ x_2 \\ x_3 \\ x_4 \end{pmatrix} = k_1 \eta_1 + k_2 \eta_2,$$

其中 k_1, k_2 为任意的实数.

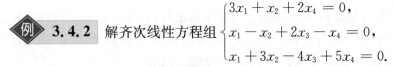 **3.4.2** 解齐次线性方程组 $\begin{cases} 3x_1 + x_2 + 2x_4 = 0, \\ x_1 - x_2 + 2x_3 - x_4 = 0, \\ x_1 + 3x_2 - 4x_3 + 5x_4 = 0. \end{cases}$

解 对系数矩阵实施初等行变化至最简形,得

$$A = \begin{pmatrix} 3 & 1 & 0 & 2 \\ 1 & -1 & 2 & -1 \\ 1 & 3 & -4 & 5 \end{pmatrix} \rightarrow \begin{pmatrix} 1 & -1 & 2 & -1 \\ 0 & 4 & -6 & 5 \\ 0 & 4 & -6 & 6 \end{pmatrix}$$

$$\rightarrow \begin{pmatrix} 1 & -1 & 2 & -1 \\ 0 & 1 & -\dfrac{3}{2} & \dfrac{5}{4} \\ 0 & 0 & 0 & 1 \end{pmatrix} \rightarrow \begin{pmatrix} 1 & 0 & \dfrac{1}{2} & 0 \\ 0 & 1 & -\dfrac{3}{2} & 0 \\ 0 & 0 & 0 & 1 \end{pmatrix},$$

可见, $r(A) = 3 < 4$,故原方程组有非零解,且基础解系含有 $n-r = 4-3 = 1$ 个解向量,易知自由未知元为 x_3,原方程组等价于

$$\begin{cases} x_1 = -\dfrac{1}{2} x_3, \\ x_2 = \dfrac{3}{2} x_3, \\ x_4 = 0, \end{cases}$$

分别令 $x_3 = 1$,从而得到一个基础解系为

$$\eta_1 = \begin{pmatrix} -\dfrac{1}{2} \\ \dfrac{3}{2} \\ 1 \\ 0 \end{pmatrix},$$

所以该方程组的通解为

$$\eta = \begin{pmatrix} x_1 \\ x_2 \\ x_3 \\ x_4 \end{pmatrix} = k_1 \eta_1,$$

其中 k_1 为任意的实数.

3.4.2　非齐次线性方程组的解结构

对于非齐次线性方程组(3.3.1)或者写成(3.3.3)的形式,即 $AX = B$,根据定理 3.3.4,其解的情况如下:

(1)当 $r((A \vdots B)) = r(A) = r$ 时,方程组有解,进一步当 $r < n$,方程组(3.3.1)有无数多解,当 $r = n$ 时,方程组(3.3.1)有唯一解.

(2)当 $r((A \vdots B)) \neq r(A)$ 时,方程组(3.3.1)无解.

下面我们将继续讨论当 $r((A \vdots B)) = r(A) = r < n$ 时,非齐次线性方程组 $AX = B$ 的解结构.

性质 3.4.3　设 $X = \eta_1$, $X = \eta_2$ 均是非齐次方程组 $AX = B$ 的解,则 $\eta_1 - \eta_2$ 是其对应齐次线性方程组 $AX = 0$ 的解.

证明　由已知条件知 $A\eta_1 = B$, $A\eta_2 = B$, 所以
$$A(\eta_1 - \eta_2) = A\eta_1 - A\eta_2 = B - B = 0.$$

性质 3.4.4　设 $X = \eta_0$ 是非齐次方程组 $AX = B$ 的某一个解,$\tilde{\eta}$ 是其对应齐次线性方程组 $AX = 0$ 的一个解,则 $\eta_0 + \tilde{\eta}$ 也是 $AX = B$ 的解.

证明　由已知条件知 $A\eta_0 = B$, $A\tilde{\eta} = 0$, 所以
$$A(\eta_0 + \tilde{\eta}) = A\eta_0 + A\tilde{\eta} = B + 0 = B.$$

定理 3.4.5　设 η_0 是非齐次方程组 $AX = B$ 的某一个解,则方程组 $AX = B$ 的任一解 η 可以表示成 η_0 与其对应齐次线性方程组 $AX = 0$ 的某一个解 $\tilde{\eta}$ 之和,即 $\eta = \eta_0 + \tilde{\eta}$.

证明 把解 η 写成

$$\eta = \eta_0 + (\eta - \eta_0)$$

由性质 3.4.3 知, $\eta - \eta_0$ 是 $AX = 0$ 的一个解.

由于齐次线性方程组 $AX = 0$ 的解都是其基础解系 $\eta_1, \eta_2, \cdots, \eta_{n-r}$ 的线性组合, 因此定理 3.4.5 说明非齐次线性方程组 $AX = B$ 的每个解 η 都可以表示为

$$\eta = \eta_0 + k_1\eta_1 + k_2\eta_2 + \cdots + k_{n-r}\eta_{n-r},$$

其中 η_0 是 $AX = B$ 的任一个特解. 反之任一组数 $k_1, k_2, \cdots, k_{n-r}$, 因为 η_1, $\eta_2, \cdots, \eta_{n-r}$ 线性组合 $k_1\eta_1 + k_2\eta_2 + \cdots + k_{n-r}\eta_{n-r}$ 一定是 $AX = 0$ 的解, 由性质 3.4.4 知, $\eta_0 + k_1\eta_1 + k_2\eta_2 + \cdots + k_{n-r}\eta_{n-r}$ 也一定是 $AX = B$ 的解.

这样非齐次线性方程组 $AX = B$ 解结构就清楚了, 归纳如下:

(3) 当 $r((A \vdots B)) = r(A) = r < n$ 时, 若 η_0 是 $AX = B$ 的一个特解, η_1, $\eta_2, \cdots, \eta_{n-r}$ 是其对应齐次方程组 $AX = 0$ 的基础解系, 则方程组 $AX = B$ 的全部解为

$$\eta_0 + k_1\eta_1 + k_2\eta_2 + \cdots + k_{n-r}\eta_{n-r},$$

其中 $k_1, k_2, \cdots, k_{n-r}$ 为任意的常数.

下面给出求齐次线性方程组 $AX = B$ 解的一般步骤:

(1) 写出非齐次方程组的增广矩阵 $(A \vdots B)$;

(2) 对增广矩阵 $(A \vdots B)$ 实施初等行变换至最简形, 找出 $n - r$ 个自由元;

(3) 令自由元全为零得出 $AX = B$ 的一个特解 η_0;

(4) 最简形中, 不计最后一列, 令一个自由元为 1, 其余为 0, 求出对应齐次线性方程组 $AX = 0$ 的基础解系 $\eta_1, \eta_2, \cdots, \eta_{n-r}$;

(5) 写出非齐次线性方程组 $AX = B$ 的通解

$$\eta = \eta_0 + k_1\eta_1 + k_2\eta_2 + \cdots + k_{n-r}\eta_{n-r},$$

其中 $k_1, k_2, \cdots, k_{n-r}$ 为任意的常数.

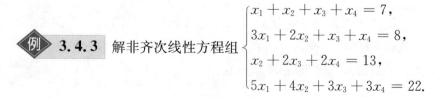 **3.4.3** 解非齐次线性方程组 $\begin{cases} x_1 + x_2 + x_3 + x_4 = 7, \\ 3x_1 + 2x_2 + x_3 + x_4 = 8, \\ x_2 + 2x_3 + 2x_4 = 13, \\ 5x_1 + 4x_2 + 3x_3 + 3x_4 = 22. \end{cases}$

解 对系数矩阵实施初等行变换至最简形,得

$$(A \vdots B) = \begin{pmatrix} 1 & 1 & 1 & 1 & 7 \\ 3 & 2 & 1 & 1 & 8 \\ 0 & 1 & 2 & 2 & 13 \\ 5 & 4 & 3 & 3 & 22 \end{pmatrix} \rightarrow \begin{pmatrix} 1 & 1 & 1 & 1 & 7 \\ 0 & -1 & -2 & -2 & -13 \\ 0 & 1 & 2 & 2 & 13 \\ 0 & -1 & -2 & -2 & -13 \end{pmatrix}$$

$$\rightarrow \begin{pmatrix} 1 & 0 & -1 & -1 & -6 \\ 0 & 1 & 2 & 2 & 13 \\ 0 & 0 & 0 & 0 & 0 \\ 0 & 0 & 0 & 0 & 0 \end{pmatrix},$$

可见, $r(A) = r(A \vdots B) = 2 < 4$,故原方程组有无穷多解,易知自由未知元为 x_3, x_4 ,原方程组等价于

$$\begin{cases} x_1 = -6 + x_3 + x_4, \\ x_2 = 13 - 2x_3 - 2x_4, \end{cases}$$

首先令自由未知元 $x_3 = x_4 = 0$,得一个特解 $\eta_0 = \begin{pmatrix} -6 \\ 13 \\ 0 \\ 0 \end{pmatrix}$

再分别令

$$\begin{pmatrix} x_3 \\ x_4 \end{pmatrix} = \begin{pmatrix} 1 \\ 0 \end{pmatrix}, \begin{pmatrix} 0 \\ 1 \end{pmatrix},$$

从而得到对应齐次线性方程组的一个基础解系为

$$\eta_1 = \begin{pmatrix} 1 \\ -2 \\ 1 \\ 0 \end{pmatrix}, \eta_2 = \begin{pmatrix} 1 \\ -2 \\ 0 \\ 1 \end{pmatrix},$$

所以该方程组的通解为

$$\eta = \begin{pmatrix} x_1 \\ x_2 \\ x_3 \\ x_4 \end{pmatrix} = \eta_0 + k_1 \eta_1 + k_2 \eta_2,$$

其中 k_1, k_2 为任意的实数.

$$\boxed{例}\ \textbf{3.4.4}\ \text{设非齐次线性方程组}\begin{cases}x_1+ax_2+x_3=5,\\x_1+x_2+bx_3=4,\\x_1+x_2+2bx_3=7,\end{cases}$$

试就 a,b 讨论方程组解的情况,若有解,求出解.

解　对方程组的增广矩阵做初等行变换

$$(A\vdots B)=\begin{pmatrix}1 & a & 1 & 5\\1 & 1 & b & 4\\1 & 1 & 2b & 7\end{pmatrix}\rightarrow\begin{pmatrix}1 & a & 1 & 5\\0 & 1-a & b-1 & -1\\0 & 0 & b & 3\end{pmatrix}$$

(1)若 $a\neq1$ 且 $b\neq0$,则 $r(A)=r(A\vdots B)=3$,故方程组有唯一解,且解为

$$x_1=\frac{5b-ab-3}{b(1-a)},x_2=\frac{3-4b}{b(1-a)},x_3=\frac{3}{b}.$$

(2)当 $a=1$ 时,进一步对增广矩阵实施初等行变换得

$$(A\vdots B)\rightarrow\cdots\rightarrow\begin{pmatrix}1 & 1 & 1 & 5\\0 & 0 & b-1 & -1\\0 & 0 & b & 3\end{pmatrix}\rightarrow\begin{pmatrix}1 & 1 & 1 & 5\\0 & 0 & 1 & 4\\0 & 0 & b & 3\end{pmatrix}.$$

①若 $b=\dfrac{3}{4}$,则方程组有无穷多解,此时可对增广矩阵实施初等行变换至最简形

$$(A\vdots B)\rightarrow\cdots\rightarrow\begin{pmatrix}1 & 1 & 1 & 5\\0 & 0 & 1 & 4\\0 & 0 & \frac{3}{4} & 3\end{pmatrix}\rightarrow\begin{pmatrix}1 & 1 & 0 & 1\\0 & 0 & 1 & 4\\0 & 0 & 0 & 0\end{pmatrix},$$

求得方程组的通解为

$$\eta=\begin{pmatrix}1\\0\\4\end{pmatrix}+k\begin{pmatrix}-1\\1\\0\end{pmatrix}.$$

②若 $b\neq\dfrac{3}{4}$ 且 $b\neq0$,由于 $r(A)=2<r(A\vdots B)=3$,所以方程组无解.

(3)当 $b=0$,显然方程组无解.

相关阅读

数学家高斯(Gauss)简介

约翰·卡尔·弗里德里希·高斯(Johann Carl Friedrich Gauss ,1777 年 4 月 30 日—1855 年 2 月 23 日,享年 77 岁),犹太人,德国著名数学家、物理学家、天文学家、大地测量学家,近代数学奠基者之一.高斯被认为是历史上最重要的数学家之一,并享有"数学王子"之称.

高斯和阿基米德、牛顿、欧拉并列为世界四大数学家.一生成就极为丰硕,以他名字"高斯"命名的成果达 110 个,属数学家中之最.他对数论、代数、统计、分析、微分几何、大地测量学、地球物理学、力学、静电学、天文学、矩阵理论和光学皆有贡献.

线性方程组的应用

某城三个经济部门:煤炭,电力,建材.煤炭业每生产 1 元产品消费电力 0.2 元,消费建材 0.1 元;电力业每生产 1 元产品消费煤炭 0.6 元,消费电力 0.05 元,消费建材 0.05 元;建材业每生产 1 元产品消费煤炭 0.45 元,消费电力 0.1 元,消费建材 0.1 元.

假设今年该城的煤炭部门收到外部订单 10 万元,电力部门收到外部订单 20 万元,建材部门收到外部订单 30 万元.那么今年该城这三个部门应该如何安排生产?

我们把该城的三个经济部门作为一个系统.首先把每生产一个单位产品要消费的系统内部东西的数量称为内部消费系数.如表 1.

表 1　内部消费系统表

生产部门	消费部门		
	煤炭	电力	建材
煤炭	0	0.6	0.45
电力	0.2	0.05	0.1
建材	0.1	0.05	0.1

设生产量安排为:煤炭 x_1 万元,电力 x_2 万元,建材 x_3 万元.那么所有生产消费情况如表 2.

表2　全部生产消费量表(单位:万元)

生产部门	消费部门				
	生产量	煤炭	电力	建材	外部订单
煤炭	x_1	$0\,x_1$	$0.6\,x_2$	$0.45\,x_3$	10
电力	x_2	$0.2\,x_1$	$0.05\,x_2$	$0.1\,x_3$	20
建材	x_3	$0.1\,x_1$	$0.05\,x_2$	$0.1\,x_3$	30

当然是既满足所有外部内部需要而产品又无积压为好,这就是所谓的产销平衡原则,因此

$$\begin{cases} x_1 = 0x_1 + 0.6x_2 + 0.45x_3 + 10, \\ x_2 = 0.2x_2 + 0.05x_2 + 0.1x_3 + 20, \\ x_3 = 0.1x_1 + 0.05x_2 + 0.1x_3 + 30, \end{cases}$$

解得:

$$\begin{cases} x_1 = 49.91(万元), \\ x_2 = 35.86(万元), \\ x_3 = 40.86(万元). \end{cases}$$

复习题 3

1. 设向量 $\alpha = (2, -1, -3, 4)^T, \beta = (-4, 2, 6, 1)^T$,(1)求 $2\alpha - 3\beta$;(2)求满足方程 $\alpha + 2\beta - 3\gamma = 0$ 的向量 γ.

2. 已知向量组 $\alpha_1 = \begin{pmatrix} 1 \\ 1 \\ 1 \\ 1 \end{pmatrix}, \alpha_2 = \begin{pmatrix} 1 \\ 1 \\ -1 \\ -1 \end{pmatrix}, \alpha_3 = \begin{pmatrix} 1 \\ -1 \\ 1 \\ -1 \end{pmatrix}, \alpha_4 = \begin{pmatrix} 1 \\ -1 \\ -1 \\ 1 \end{pmatrix}, \beta = \begin{pmatrix} -1 \\ 3 \\ 1 \\ 1 \end{pmatrix}$,讨论向量 β 能

   否由向量组 $\alpha_1, \alpha_2, \alpha_3$ 线性表示?

3. 设 $\beta = (-2 \quad 1 \quad -3 \quad \lambda)^T, \alpha_1 = (2 \quad -1 \quad 4 \quad 2)^T, \alpha_2 = (3 \quad -1 \quad 1 \quad 1)^T$,
   $\alpha_3 = (-1 \quad 3 \quad -15 \quad 1)^T$,求当 λ 取何值时向量 β 可以被向量 $\alpha_1, \alpha_2, \alpha_3$ 线性表示.

4. 设 $\alpha_1 = (1, -2, -1)^T, \alpha_2 = (0, 3, 1)^T, \alpha_3 = (-1, 5, a)^T$,当 a 取何值时向量组 $\alpha_1, \alpha_2, \alpha_3$ 线性相关.

5. 设向量组 $\alpha_1 = (1 \quad 2 \quad -1 \quad 1)^T, \alpha_2 = (2 \quad 0 \quad t \quad 0)^T, \alpha_3 = (0 \quad -4 \quad 5 \quad -2)^T$ 的秩是 2,求 t 的值.

6.求下列向量组的秩、一个极大线性无关组,并将其他向量用极大线性无关组表示:

(1) $\alpha_1 = \begin{pmatrix} 6 \\ 4 \\ 1 \\ -1 \\ 2 \end{pmatrix}, \alpha_2 = \begin{pmatrix} 1 \\ 0 \\ 2 \\ 3 \\ -4 \end{pmatrix}, \alpha_3 = \begin{pmatrix} 1 \\ 4 \\ -9 \\ -16 \\ 22 \end{pmatrix}, \alpha_4 = \begin{pmatrix} 7 \\ 1 \\ 0 \\ -1 \\ 3 \end{pmatrix};$

(2) $\alpha_1 = \begin{pmatrix} 1 \\ 1 \\ 2 \\ 4 \end{pmatrix}, \alpha_2 = \begin{pmatrix} 1 \\ -3 \\ 1 \\ -2 \end{pmatrix}, \alpha_3 = \begin{pmatrix} 4 \\ 0 \\ 7 \\ 10 \end{pmatrix}, \alpha_4 = \begin{pmatrix} 1 \\ -1 \\ 2 \\ 0 \end{pmatrix};$

(3) $\alpha_1 = \begin{pmatrix} 1 \\ 1 \\ 1 \end{pmatrix}, \alpha_2 = \begin{pmatrix} 1 \\ 1 \\ 0 \end{pmatrix}, \alpha_3 = \begin{pmatrix} 1 \\ 0 \\ 0 \end{pmatrix}, \alpha_4 = \begin{pmatrix} -1 \\ -2 \\ 3 \end{pmatrix}.$

7.设向量组 $\beta_1, \beta_2, \cdots, \beta_s$ 可由向量组 $\alpha_1, \alpha_2, \cdots, \alpha_s$ 线性表示,若向量组 $\beta_1, \beta_2, \cdots, \beta_s$ 线性无关,证明向量组 $\alpha_1, \alpha_2, \cdots, \alpha_s$ 也线性无关.

8.证明向量组 $\alpha_1, \alpha_2, \alpha_3$ 线性无关的充要条件是向量组 $\alpha_1 + \alpha_2, \alpha_2 + \alpha_3, \alpha_3 + \alpha_1$ 线性无关.

9.设向量组 $\beta_1 = \alpha_2 + \alpha_3 + \cdots + \alpha_s, \beta_2 = \alpha_1 + \alpha_3 + \cdots + \alpha_s, \cdots, \beta_s = \alpha_1 + \alpha_2 + \cdots + \alpha_{s-1}$,证明:向量组 $\beta_1, \beta_2, \cdots, \beta_s$ 与向量组 $\alpha_1, \alpha_2, \cdots, \alpha_s$ 等价.

10.用 Gauss 消元法解下列线性方程组:

(1) $\begin{cases} x_1 + x_2 + 2x_3 + 3x_4 = 1, \\ x_2 + x_3 - 4x_4 = 1, \\ x_1 + 2x_2 + 3x_3 - x_4 = 4, \\ 2x_1 + 3x_2 - x_3 - x_4 = -6; \end{cases}$
(2) $\begin{cases} 2x_1 - x_2 + 3x_3 = 3, \\ 3x_1 + x_2 - 5x_3 = 0, \\ 4x_1 - x_2 + x_3 = 3, \\ x_1 + 3x_2 - 13x_3 = -6; \end{cases}$

(3) $\begin{cases} x_1 - x_2 + x_3 - x_4 = 1, \\ x_1 + x_2 + x_3 + x_4 = -1, \\ x_1 - x_2 - 2x_3 + 2x_4 = 1; \end{cases}$
(4) $\begin{cases} 2x_1 + 2x_2 - 3x_3 = 9, \\ x_1 + 2x_2 + x_3 = 4, \\ 3x_1 + 9x_2 + 2x_3 = 19. \end{cases}$

11.判定下列方程组的相容性以及相容时解的个数:

(1) $\begin{cases} 2x_1 + x_2 + x_3 = 2, \\ x_1 + 3x_2 + x_3 = 5, \\ x_1 + x_2 + 5x_3 = -7, \\ 2x_1 + 3x_2 - 3x_3 = 14; \end{cases}$
(2) $\begin{cases} x_1 - x_2 + 3x_3 - x_4 = 1, \\ 2x_1 - x_2 + x_3 + 4x_4 = 2, \\ -4x_3 + 5x_4 = -2; \end{cases}$

(3) $\begin{cases} 2x_1 + x_2 - x_3 + x_4 = 1, \\ 3x_1 - 2x_2 + 2x_3 - 3x_4 = 2, \\ 5x_1 + x_2 - x_3 + 2x_4 = -1, \\ 2x_1 - x_2 + x_3 - 3x_4 = 4. \end{cases}$

12. 设线性方程组

$$\begin{cases} \lambda x_1 + x_2 + x_3 = 1, \\ Ax_1 + \lambda x_2 + x_3 = \lambda, \\ Ax_1 + x_2 + \lambda x_3 = \lambda^2, \end{cases}$$

问 λ 为何值时,方程组有唯一解? 有无穷多解? 无解?

13. 解下列齐次线性方程组:

(1) $\begin{cases} 3x_1 + 2x_2 + 3x_3 - 2x_4 = 0, \\ A2x_1 + x_2 + x_3 - x_4 = 0, \\ A\ 2x_1 + 2x_2 + x_3 + 2x_4 = 0; \end{cases}$

(2) $\begin{cases} x_1 - x_3 = 0, \\ A2x_1 + x_2 - 2x_3 - x_4 = 0, \\ Ax_1 + x_2 - x_3 - x_4 = 0, \\ A3x_1 + 2x_2 - 3x_3 - 2x_4 = 0; \end{cases}$

(3) $\begin{cases} x_1 - x_2 + 5x_3 - x_4 = 0, \\ Ax_1 + x_2 - 2x_3 + 3x_4 = 0, \\ A3x_1 - x_2 + 8x_3 + x_4 = 0, \\ Ax_1 + 3x_2 - 9x_3 + 7x_4 = 0; \end{cases}$

(4) $\begin{cases} x_1 + x_2 + x_3 + 4x_4 - 3x_5 = 0, \\ Ax_1 - x_2 + 3x_3 - 2x_4 - x_5 = 0, \\ A2x_1 + x_2 + 3x_3 + 5x_4 - 5x_5 = 0, \\ A3x_1 + x_2 + 5x_3 + 6x_4 - 7x_5 = 0. \end{cases}$

14. 求系列方程组的通解:

(1) $\begin{cases} x_1 + 3x_2 + 5x_3 - 4x_4 = 1, \\ Ax_1 + 3x_2 + 2x_3 - 2x_4 + x_5 = -1, \\ Ax_1 - 2x_2 + x_3 - x_4 - x_5 = 3, \\ Ax_1 - 4x_2 + x_3 + x_4 - x_5 = 3, \\ Ax_1 + 2x_2 + x_3 - x_4 + x_5 = -1; \end{cases}$

(2) $\begin{cases} x_1 - 2x_2 + 3x_3 - 4x_4 = 4, \\ A\ x_2 - x_3 + x_4 = -3, \\ Ax_1 + 3x_2 + x_4 = 1, \\ A - 7x_2 + 3x_3 + x_4 = -3; \end{cases}$

(3) $\begin{cases} x_1 + 2x_2 - 3x_4 + 3x_5 = 1, \\ Ax_1 - x_2 - 3x_3 + x_4 - 3x_5 = 1, \\ A2x_1 - 3x_2 + 4x_3 - 5x_4 + 2x_5 = 7, \\ A9x_1 - 9x_2 + 6x_3 - 16x_4 + 2x_5 = 25; \end{cases}$

(4) $\begin{cases} 2x_1 + x_2 - x_3 + x_4 = 1, \\ A3x_1 - 2x_2 + 2x_3 - 3x_4 = 2, \\ A5x_1 + x_2 - x_3 + 2x_4 = -1, \\ A2x_1 - x_2 + x_3 - 3x_4 = 4. \end{cases}$

15. 设非齐次线性方程组 $\begin{cases} \lambda x_1 + x_2 + x_3 = 4, \\ Ax_1 + \mu x_2 + x_3 = 3, \\ Ax_1 + 2\mu x_2 + x_3 = 4, \end{cases}$　试就 λ, μ 讨论方程组解的情况,若有

解,求出解.

16. 设 $\eta_1, \eta_2, \cdots, \eta_t$ 是非齐次线性方程组 $AX = B$ 的解,证明 $k_1\eta_1 + k_2\eta_2 + \cdots + k_t\eta_t$ 也是方程组的解,其中 $k_1 + k_2 + \cdots + k_t = 1$.

扫一扫,获取参考答案

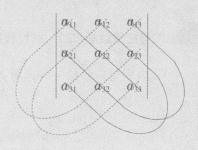

第4章 相似矩阵与二次型

方阵的特征值、特征向量理论及其对角化在工程技术领域有着重要的应用. 本章首先介绍了内积、正交矩阵、特征值、特征向量和矩阵相似的概念及性质,研讨了矩阵相似于对角矩阵的条件,并讨论了实对称矩阵对角化理论;接着给出了二次型的概念,并给出了化二次型为标准型的方法,研究了正定二次型的一些等价条件和性质.

4.1　向量内积与正交矩阵

4.1.1　向量的内积

在几何空间中,我们知道如何求矢量的长度和矢量间夹角的方法,这一求解方法推广到一般的 n 维向量空间,为此我们首先给出 n 维向量空间内积的概念.

> **定义 4.1.1**　设有两个 n 维向量
> $$\alpha = \begin{bmatrix} a_1 \\ a_2 \\ \vdots \\ a_n \end{bmatrix}, \beta = \begin{bmatrix} b_1 \\ b_2 \\ \vdots \\ b_n \end{bmatrix}$$
> 记　$(\alpha, \beta) = a_1 b_1 + a_2 b_2 + \cdots + a_n b_n$　　　(4.1.1)
> 则称 (α, β) 为向量 α 与向量 β 的**内积**.

内积是向量的一种运算,如果用矩阵记号表示,向量的内积还可以写成

$$(\alpha,\beta) = \alpha^T\beta = (a_1 \quad a_2 \quad \cdots \quad a_n)\begin{bmatrix} b_1 \\ b_2 \\ \vdots \\ b_n \end{bmatrix}, \tag{4.1.2}$$

不难验证 $(0,\alpha) = (\alpha,0) = 0$.

设 α,β,γ 是 3 个 n 维向量,λ 是实数,则向量的内积满足如下的运算规则:

(1) $(\alpha,\beta) = (\beta,\alpha)$;

(2) $(\lambda\alpha,\beta) = \lambda(\alpha,\beta)$;

(3) $(\alpha+\beta,\gamma) = (\alpha,\gamma) + (\beta,\gamma)$;

(4) $(\alpha,\alpha) \geqslant 0$,$(\alpha,\alpha) = 0$ 等价于 $\alpha = 0$.

定义 4.1.2　设 n 维向量

$$\alpha = \begin{bmatrix} a_1 \\ a_2 \\ \vdots \\ a_n \end{bmatrix},$$

记　　　　$\|\alpha\| = \sqrt{(\alpha,\alpha)} = \sqrt{a_1^2 + a_2^2 + \cdots + a_n^2}$ 　　(4.1.3)

则称 $\|\alpha\|$ 为向量 α 的**长度(范数)**. 当 $\|\alpha\| = 1$ 时,称 α 为**单位向量**.

对任何非零的向量 α,$\dfrac{\alpha}{\|\alpha\|}$ 称为向量 α 的**单位化向量**.

向量的长度具有如下的性质:

(1)非负性:当 $\alpha \neq 0$ 时,$\|\alpha\| > 0$,当 $\alpha = 0$ 时,$\|\alpha\| = 0$;

(2)齐次性:$\|\lambda\alpha\| = |\lambda| \|\alpha\|$;

(3)三角不等式:$\|\alpha+\beta\| \leqslant \|\alpha\| + \|\beta\|$.

对于向量的内积和长度,还有一个重要的**柯西-施瓦茨不等式**

$$|(\alpha,\beta)| \leqslant \|\alpha\| \cdot \|\beta\|. \tag{4.1.4}$$

证明　当 $\alpha = 0$ 时,不等式(4.1.4)等号成立.

当 $\alpha \neq 0$ 时,则 $\|\alpha\| \neq 0$,令 $\gamma = \beta - \dfrac{(\alpha,\beta)}{\|\alpha\|}\alpha$,则 $(\alpha,\gamma) = (\gamma,\alpha) = 0$,

且

$$0 \leqslant (\gamma, \gamma) = \left(\beta - \frac{(\alpha, \beta)}{\| \alpha \|} \alpha, \beta - \frac{(\alpha, \beta)}{\| \alpha \|} \alpha \right)$$

$$= (\beta, \beta) - \frac{(\alpha, \beta)}{\| \alpha \|^2} (\alpha, \beta)$$

$$= \| \beta \|^2 - \frac{(\alpha, \beta)^2}{\| \alpha \|^2},$$

从而不等式(4.1.4)成立.

由不等式(4.1.4)可知，$-1 \leqslant \dfrac{(\alpha, \beta)}{\| \alpha \| \cdot \| \beta \|} \leqslant 1$，从而可以定义两个 n 维非零向量 α, β 的夹角 θ，即

$$\theta = \arccos \frac{(\alpha, \beta)}{\| \alpha \| \cdot \| \beta \|}. \tag{4.1.5}$$

例 4.1.1 设 $\alpha = \begin{pmatrix} 1 \\ 2 \\ 2 \\ 3 \end{pmatrix}, \beta = \begin{pmatrix} 3 \\ 1 \\ -5 \\ 1 \end{pmatrix}$，求 $(2\alpha, \alpha + \beta)$ 以及 α, β 的夹角 θ.

解　$(2\alpha, \alpha + \beta) = 2(\alpha, \alpha) + 2(\alpha, \beta) = 2 \times 18 - 2 \times 2 = 32,$

$$\theta = \arccos \frac{(\alpha, \beta)}{\| \alpha \| \cdot \| \beta \|} = \arccos \frac{-2}{\sqrt{18} \sqrt{36}} = \arccos \frac{-\sqrt{2}}{18}.$$

4.1.2　正交向量组

有了两个 n 维非零向量夹角的概念，可以研究向量之间的正交关系了.

定义 4.1.3　两个 n 维向量 α, β，当 $(\alpha, \beta) = 0$ 时，称向量 α 与 β 正交. 显然零向量与任何向量均是正交的.

例如，向量 $\alpha = \begin{pmatrix} 1 \\ 2 \\ 3 \\ 1 \end{pmatrix}$ 与向量 $\beta = \begin{pmatrix} 2 \\ -1 \\ -2 \\ 6 \end{pmatrix}$ 是正交的，由于

$$(\alpha, \beta) = 1 \times 2 + 2 \times (-1) + 3 \times (-2) + 1 \times 6 = 0.$$

> **定义 4.1.4**　如果 n 维非零向量组 $\alpha_1, \alpha_2, \cdots, \alpha_r$ 中的任意两个向量均正交,则称这个向量组是**正交向量组**,进一步的若每个 $\alpha_i(i=1, 2, \cdots, r)$ 还是单位向量,则称 $\alpha_1, \alpha_2, \cdots, \alpha_r$ 是**标准(规范)正交向量组**,当 $r = n$ 时 $\alpha_1, \alpha_2, \cdots, \alpha_r$ 被称为 n 维向量空间的一个**标准正交基**.

例如 n 维标准单位向量组 $\varepsilon_1 = \begin{pmatrix} 1 \\ 0 \\ \vdots \\ 0 \end{pmatrix}, \varepsilon_2 = \begin{pmatrix} 0 \\ 1 \\ \vdots \\ 0 \end{pmatrix}, \cdots, \varepsilon_n = \begin{pmatrix} 0 \\ 0 \\ \vdots \\ 1 \end{pmatrix}$ 就是正交

向量组,因为

$$(\varepsilon_i, \varepsilon_j) = \begin{cases} 1, & i = j \\ 0, & i \neq j \end{cases}, \quad i, j = 1, 2, \cdots, n.$$

> **定理 4.1.1**　若 n 维非零向量组 $\alpha_1, \alpha_2, \cdots, \alpha_r$ 是正交向量组,则 $\alpha_1, \alpha_2, \cdots, \alpha_r$ 线性无关.

证明　假设有 r 个数 $k_1, k_2, \cdots, k_r$,使得

$$k_1\alpha_1 + k_2\alpha_2 + \cdots + k_r\alpha_r = 0,$$

以 α_i^T 左乘上式两端,得

$$k_i\alpha_i^T\alpha_i = 0,$$

因 $\alpha_i \neq 0$,故 $\alpha_i^T\alpha_i = \|\alpha_i\|^2 \neq 0$,从而 $k_i = 0(i = 1, 2, \cdots, k)$,于是向量组 $\alpha_1, \alpha_2, \cdots, \alpha_r$ 线性无关.

但线性无关的向量组 $\alpha_1, \alpha_2, \cdots, \alpha_r$ 不一定正交,总可找到标准正交向量组 $\gamma_1, \gamma_2, \cdots, \gamma_r$,使它与向量组 $\alpha_1, \alpha_2, \cdots, \alpha_r$ 等价,这一过程称之为将向量组 $\alpha_1, \alpha_2, \cdots, \alpha_r$ 标准正交化.

下面介绍将线性无关向量组 $\alpha_1, \alpha_2, \cdots, \alpha_r$ 标准正交化的方法——施密特 (Schmit)方法.

设向量组 $\alpha_1, \alpha_2, \cdots, \alpha_r$ 线性无关,将标准正交化分为两个步骤.

(1)正交化. 令

$$\beta_1 = \alpha_1;$$

$$\beta_2 = \alpha_2 - \frac{(\beta_1, \alpha_2)}{(\beta_1, \beta_1)}\beta_1;$$

$$\beta_3 = \alpha_3 - \frac{(\beta_1, \alpha_3)}{(\beta_1, \beta_1)}\beta_1 - \frac{(\beta_2, \alpha_3)}{(\beta_2, \beta_2)}\beta_2;$$

$$\cdots$$

$$\beta_r = \alpha_r - \frac{(\beta_1, \alpha_r)}{(\beta_1, \beta_1)}\beta_1 - \frac{(\beta_2, \alpha_r)}{(\beta_2, \beta_2)}\beta_2 - \cdots - \frac{(\beta_r, \alpha_r)}{(\beta_r, \beta_r)}\beta_r.$$

容易证明向量组 $\beta_1, \beta_2, \cdots, \beta_r$ 两两正交,且与向量组 $\alpha_1, \alpha_2, \cdots, \alpha_r$ 等价.

(2)单位化,取

$$\gamma_1 = \frac{\beta_1}{\parallel \beta_1 \parallel}, \gamma_2 = \frac{\beta_2}{\parallel \beta_2 \parallel}, \cdots, \gamma_r = \frac{\beta_r}{\parallel \beta_r \parallel}.$$

则 $\gamma_1, \gamma_2, \cdots, \gamma_r$ 就是所求的标准正交向量组,且与向量组 $\alpha_1, \alpha_2, \cdots, \alpha_r$ 等价.

例 4.1.2 将向量组 $\alpha_1 = \begin{pmatrix} 2 \\ 1 \\ -1 \end{pmatrix}, \alpha_2 = \begin{pmatrix} 3 \\ -1 \\ 1 \end{pmatrix}, \alpha_3 = \begin{pmatrix} -1 \\ 4 \\ 0 \end{pmatrix}$ 标准

正交化.

解　现将 $\alpha_1, \alpha_2, \alpha_3$ 正交化有

$$\beta_1 = \alpha_1;$$

$$\beta_2 = \alpha_2 - \frac{(\beta_1, \alpha_2)}{(\beta_1, \beta_1)}\beta_1 = \begin{pmatrix} 3 \\ -1 \\ 1 \end{pmatrix} - \frac{4}{6}\begin{pmatrix} 2 \\ 1 \\ -1 \end{pmatrix} = \begin{pmatrix} \frac{5}{3} \\ -\frac{5}{3} \\ \frac{5}{3} \end{pmatrix};$$

$$\beta_3 = \alpha_3 - \frac{(\beta_1, \alpha_3)}{(\beta_1, \beta_1)}\beta_1 - \frac{(\beta_2, \alpha_3)}{(\beta_2, \beta_2)}\beta_2 = \begin{pmatrix} -1 \\ 4 \\ 0 \end{pmatrix} - \frac{1}{3}\begin{pmatrix} 2 \\ 1 \\ -1 \end{pmatrix} + \begin{pmatrix} \frac{5}{3} \\ -\frac{5}{3} \\ \frac{5}{3} \end{pmatrix} = \begin{pmatrix} 0 \\ 2 \\ 2 \end{pmatrix}.$$

然后将 $\beta_1, \beta_2, \beta_3$ 单位化,得

$$\gamma_1 = \frac{\beta_1}{\|\beta_1\|} = \begin{pmatrix} \frac{\sqrt{6}}{3} \\ \frac{\sqrt{6}}{6} \\ -\frac{\sqrt{6}}{6} \end{pmatrix}, \gamma_2 = \frac{\beta_2}{\|\beta_2\|} = \begin{pmatrix} \frac{\sqrt{3}}{3} \\ -\frac{\sqrt{3}}{3} \\ \frac{\sqrt{3}}{3} \end{pmatrix}, \gamma_3 = \frac{\beta_3}{\|\beta_3\|} = \begin{pmatrix} 0 \\ \frac{1}{\sqrt{2}} \\ \frac{1}{\sqrt{2}} \end{pmatrix},$$

则 $\gamma_1, \gamma_2, \gamma_3$ 即为所求.

例 4.1.3 已知 $\beta_1 = \begin{pmatrix} 1 \\ 1 \\ 1 \end{pmatrix}$,求非零向量 β_2, β_3,满足 $\beta_1, \beta_2, \beta_3$ 为正交向量组.

解 所求的 β_2, β_3 应满足 $\beta_1{}^T x = 0$,即

$$x_1 + x_2 + x_3 = 0,$$

基础解系为

$$\alpha_1 = \begin{pmatrix} 1 \\ 0 \\ -1 \end{pmatrix}, \alpha_2 = \begin{pmatrix} 0 \\ 1 \\ -1 \end{pmatrix},$$

再将 α_1, α_2 正交化,取

$$\beta_2 = \alpha_1 = \begin{pmatrix} 1 \\ 0 \\ -1 \end{pmatrix};$$

$$\beta_3 = \alpha_2 - \frac{(\beta_2, \alpha_2)}{(\beta_2, \beta_2)}\beta_2 = \begin{pmatrix} 0 \\ 1 \\ -1 \end{pmatrix} - \frac{1}{2}\begin{pmatrix} 1 \\ 0 \\ -1 \end{pmatrix} = \begin{pmatrix} -\frac{1}{2} \\ 1 \\ -\frac{1}{2} \end{pmatrix},$$

β_2, β_3 即为所求.

4.1.3　正交矩阵

定义 4.1.5　如果 n 阶方阵 A 满足

$$AA^T = A^TA = E \qquad (4.1.6)$$

则称 A 为正交矩阵.

由**定义 4.1.5** 可以知道正交矩阵一定是可逆矩阵且 $A^{-1} = A^T$；反之若方阵 A 满足 $A^{-1} = A^T$，则 A 也一定是正交矩阵. 这样就有如下的结论：

（1）n 阶方阵 A 是正交矩阵的充要条件是 $A^{-1} = A^T$；

（2）n 阶方阵 A 是正交矩阵的充要条件是 $AA^T = E$.

欲验证方阵 A 是否是正交矩阵，只需要验证 $AA^T = E$ 或 $A^TA = E$ 其中之一成立就可.

对于正交矩阵，还有如下的性质：

（1）E 是正交矩阵；

（2）若 A 与 B 均是正交矩阵，则 AB 也是正交矩阵；

（3）若 A 是正交矩阵，则 A^T, A^{-1}, A^* 均是正交矩阵；

（4）若 A 是正交矩阵，则 $\det A = 1$ 或 $\det A = -1$.

根据正交矩阵的定义，可以验证一个 n 阶正交矩阵 $A = (a_{ij})$ 的元素有以下特征：

$$a_{i1}a_{j1} + a_{i2}a_{j2} + \cdots + a_{in}a_{jn} = \begin{cases} 1, & i = j, \\ 0, & i \neq j. \end{cases}$$

即

（1）方阵 A 的任意一行（列）元素的平方和等于 1；

（2）方阵 A 的任意不同两行（列）元素的对应乘积和等于 0.

这说明，方阵 A 为正交矩阵的充要条件是 A 的行（列）向量都是单位向量，且两两正交.

例 4.1.4 判断下列矩阵是否为正交矩阵：

$(1)\ A = \begin{bmatrix} \cos\theta & -\sin\theta \\ \sin\theta & \cos\theta \end{bmatrix};$

$(2)\ B = \begin{bmatrix} \dfrac{\sqrt{3}}{3} & \dfrac{\sqrt{3}}{3} & \dfrac{\sqrt{3}}{3} \\ 0 & -\dfrac{\sqrt{2}}{2} & \dfrac{\sqrt{2}}{2} \\ -\dfrac{\sqrt{6}}{3} & \dfrac{\sqrt{6}}{6} & \dfrac{\sqrt{6}}{6} \end{bmatrix}.$

解 (1)由于

$$AA^T = \begin{bmatrix} \cos\theta & -\sin\theta \\ \sin\theta & \cos\theta \end{bmatrix} \begin{bmatrix} \cos\theta & \sin\theta \\ -\sin\theta & \cos\theta \end{bmatrix} = \begin{bmatrix} 1 & 0 \\ 0 & 1 \end{bmatrix}.$$

所以 A 是正交矩阵.

(2)通过计算可知

$$BB^T = \begin{bmatrix} \dfrac{\sqrt{3}}{3} & \dfrac{\sqrt{3}}{3} & \dfrac{\sqrt{3}}{3} \\ 0 & -\dfrac{\sqrt{2}}{2} & \dfrac{\sqrt{2}}{2} \\ -\dfrac{\sqrt{6}}{3} & \dfrac{\sqrt{6}}{6} & \dfrac{\sqrt{6}}{6} \end{bmatrix} \begin{bmatrix} \dfrac{\sqrt{3}}{3} & 0 & -\dfrac{\sqrt{6}}{3} \\ \dfrac{\sqrt{3}}{3} & -\dfrac{\sqrt{2}}{2} & \dfrac{\sqrt{6}}{6} \\ \dfrac{\sqrt{3}}{3} & \dfrac{\sqrt{2}}{2} & \dfrac{\sqrt{6}}{6} \end{bmatrix} = \begin{bmatrix} 1 & 0 & 0 \\ 0 & 1 & 0 \\ 0 & 0 & 1 \end{bmatrix},$$

所以 B 也是正交矩阵.

4.2 矩阵的特征值与特征向量

工程技术中的振动问题和稳定性问题,往往可归结为求一个方阵的特征值和特征向量问题.方阵的特征值和特征向量的概念不但在理论上很重要,而且还可以直接用于解决实际问题.

4.2.1 矩阵的特征值与特征向量的概念

矩阵的秩是反映矩阵特征的重要量之一,为了建立矩阵秩的概念,首先给出矩阵子式的定义.

> **定义 4.2.1**　设 $A = (a_{ij})$ 是一个 n 阶方阵,如果存在数 λ 和非零的列向量 α,满足
>
> $$A\alpha = \lambda\alpha \tag{4.2.1}$$
>
> 则称数 λ 为矩阵 A 的**特征值**,称非零列向量 α 为矩阵 A 对应于特征值 λ 的**特征向量**.

由于式(4.2.1)可以改写成 $(\lambda E - A)\alpha = 0$,这显示非零列向量 α 是 n 元齐次线性方程组 $(\lambda E - A)X = 0$ 的非零解,而齐次线性方程组有非零解的充要条件是其系数行列式 $|\lambda E - A| = 0$. 从而我们引进如下的概念:

> **定义 4.2.2**　设 $A = (a_{ij})$ 是一个 n 阶方阵,λ 是一个未知量,矩阵 $\lambda E - A$ 称为矩阵 A 的**特征矩阵**,其对应的行列式
>
> $$|\lambda E - A| = \begin{vmatrix} \lambda - a_{11} & -a_{12} & \cdots & -a_{1n} \\ -a_{21} & \lambda - a_{22} & \cdots & -a_{2n} \\ \vdots & \vdots & \ddots & \vdots \\ -a_{n1} & -a_{n2} & \cdots & \lambda - a_{nn} \end{vmatrix} \tag{4.2.2}$$
>
> 称为矩阵 A 的**特征多项式**,$|\lambda E - A| = 0$ 称为矩阵 A 的**特征方程**.

4.2.2　矩阵的特征值与特征向量的求法

从定义 4.2.2 我们可以知道,若 λ 是方阵 A 的一个特征值,则 λ 是 $|\lambda E - A| = 0$ 的一个根,因此又称为矩阵 A 的特征根;反之,若 λ 是 $|\lambda E - A| = 0$ 的一个根,则 λ 也是方阵 A 的一个特征值.若 λ 是 $|\lambda E - A| = 0$ 的 r 重根,则 λ 是方阵 A 的 r 重特征值.因此可以归纳出求一个方阵 A 的特征值和特征向量的步骤如下:

(1)写出矩阵 A 的特征多项式;

(2)求出特征多项式 $|\lambda E - A| = 0$ 的全部根,它们就是 A 的全部特征值;

(3)对每个特征值 λ,求解齐次线性方程组 $(\lambda E - A)X = 0$,得出该方程组的基础解系,基础解系所含向量就是该特征值对应的线性无关的特征向量.

这样就可以求出方阵 A 全部特征值以及属于它们的特征向量.

例 **4.2.1** 设 $A = \begin{pmatrix} 4 & 6 & 0 \\ -3 & -5 & 0 \\ -3 & -6 & 1 \end{pmatrix}$，求矩阵 A 的特征值和特

征向量.

解　矩阵 A 的特征多项式为

$$|\lambda E - A| = \begin{vmatrix} \lambda - 4 & -6 & 0 \\ 3 & \lambda + 5 & 0 \\ 3 & 6 & \lambda - 1 \end{vmatrix} = (\lambda - 1)^2(\lambda + 2)$$

再求矩阵 A 的特征多项式的根

$$(\lambda - 1)^2(\lambda + 2) = 0$$

得矩阵 A 的 3 个特征值

$$\lambda_1 = \lambda_2 = 1, \lambda_3 = -2$$

将矩阵 A 的特征值 $\lambda_1 = \lambda_2 = 1$ 带入齐次线性方程组 $(\lambda E - A)X = 0$ 得方程组

$$\begin{cases} -3x_1 - 6x_2 + 0x_3 = 0, \\ 3x_1 + 6x_2 + 0x_3 = 0, \\ 3x_1 + 6x_2 + 0x_3 = 0. \end{cases}$$

它的基础解系为

$$\alpha_1 = \begin{pmatrix} -2 \\ 1 \\ 0 \end{pmatrix}, \alpha_2 = \begin{pmatrix} 0 \\ 0 \\ 1 \end{pmatrix}.$$

矩阵 A 属于特征值 $\lambda_1 = \lambda_2 = 1$ 的全部特征值为

$$k_1\alpha_1 + k_2\alpha_2 = k_1 \begin{pmatrix} -2 \\ 1 \\ 0 \end{pmatrix} + k_2 \begin{pmatrix} 0 \\ 0 \\ 1 \end{pmatrix}, (k_1, k_2 \text{ 是任意的实数})$$

再求对应于特征值 $\lambda_3 = -2$ 的特征向量,类似的方式,即求解齐次方程组 $(2E - A)X = 0$ 的基础解系,即

$$\begin{cases} -6x_1 - 6x_2 + 0x_3 = 0, \\ 3x_1 + 3x_2 + 0x_3 = 0, \\ 3x_1 + 6x_2 - 3x_3 = 0. \end{cases}$$

该方程组的基础解系是 $\alpha_3 = \begin{bmatrix} -1 \\ 1 \\ 1 \end{bmatrix}$. 于是对应于 $\lambda_3 = -2$ 的全部特征向量为

$$k_3 \alpha_3 = k_3 \begin{bmatrix} -1 \\ 1 \\ 1 \end{bmatrix}, (k_3 \text{ 是任意的实数}).$$

4.2.3　特征值与特征向量的性质

> **性质 4.2.1**　n 阶方阵 A 与它的转置矩阵 A^T 具有相同的特征值.

证明　由于 $\lambda E - A^T = (\lambda E - A)^T$, 从而

$$|\lambda E - A^T| = |(\lambda E - A)^T| = |\lambda E - A|$$

这样 A 与 A^T 具有相同的特征多项式, 所以他们具有相同的特征值.

> **性质 4.2.2**　设 n 阶方阵 $A = (a_{ij})$ 的全部特征值为 $\lambda_1, \lambda_2, \cdots, \lambda_n$ (可能有重根), 则必有:
>
> (1) $\lambda_1 \lambda_2 \cdots \lambda_n = |A|$.
>
> (2) $\lambda_1 + \lambda_2 + \cdots + \lambda_n = a_{11} + a_{22} + \cdots + a_{nn} = tr(A)$ (这里 $tr(A)$ 称为 A 的迹)
>
> **性质 4.2.3**　若 n 阶方阵 A 可逆, 则 A^T 也可逆且 $(A^T)^{-1} = (A^{-1})^T$.

证明　(1)根据多项式的因式分解和方程的根与系数关系, 有

$$|\lambda E - A| = (\lambda - \lambda_1)(\lambda - \lambda_2) \cdots (\lambda - \lambda_n) \qquad (4.2.3)$$

令 $\lambda = 0$, 得 $|-A| = (-)^n \lambda_1 \lambda_2 \cdots \lambda_n$, 即

$$\lambda_1 \lambda_2 \cdots \lambda_n = |A|.$$

(2)比较式(4.2.3)的左右两端 λ^{n-1} 的系数: 右端是 $-(\lambda_1 + \lambda_2 + \cdots + \lambda_n)$, 而左端含 λ^{n-1} 的项来自 $|\lambda E - A|$ 的主对角元素成绩项 $(\lambda - a_{11})(\lambda - a_{22}) \cdots (\lambda - a_{nn})$, 因而 λ^{n-1} 的系数为 $-(a_{11} + a_{22} + \cdots + a_{nn})$, 因此有 $\lambda_1 + \lambda_2 + \cdots + \lambda_n = a_{11} + a_{22} + \cdots + a_{nn}$.

性质 4.2.4 设 λ_1 与 λ_2 是 n 阶方阵 A 的不相等的两个特征值,α_1 与 α_2 是它们对应的特征向量,则 α_1 与 α_2 线性无关.

证明 设存在实数 k_1 与 k_2 满足

$$k_1\alpha_1 + k_2\alpha_2 = 0 \tag{4.2.4}$$

用方阵 A 左乘式(4.2.4)的两端得

$$k_1 A\alpha_1 + k_2 A\alpha_2 = 0 \tag{4.2.5}$$

由于 $A\alpha_i = \lambda_i\alpha_i (i=1,2)$,从而式(4.2.4)变为

$$k_1\lambda_1\alpha_1 + k_2\lambda_2\alpha_2 = 0 \tag{4.2.6}$$

用式(4.2.6)减去 λ_2 倍的式(4.2.4)得

$$k_1(\lambda_1 - \lambda_2)\alpha_1 = 0$$

由于 λ_1 与 λ_2 不相等,所以 $\lambda_1 - \lambda_2 \neq 0$,又由于 α_1 是非零向量,所以 $k_1 = 0$,再把 $k_1 = 0$ 代入式(4.2.4)得 $k_2\alpha_2 = 0$,再由于 α_2 是非零向量,所以 $k_2 = 0$. 从而 α_1 与 α_2 线性无关. 可以推广到一般的情形.

性质 4.2.5 设 $\lambda_1, \lambda_2, \cdots, \lambda_n$ 是 n 阶方阵 A 的不相同的 n 个特征值,$\alpha_1, \alpha_2, \cdots, \alpha_n$ 是它们对应的特征向量,则 $\alpha_1, \alpha_2, \cdots, \alpha_n$ 线性无关.

例 4.2.2 设 3 阶方阵 $A = \begin{bmatrix} 1 & -1 & 0 \\ 2 & x & 1 \\ 4 & 2 & 1 \end{bmatrix}$,已知 A 的特征值 $\lambda_1 = 1$,$\lambda_2 = 2$,求 x 的值和 A 的另一特征值 λ_3.

解 根据性质 4.2.2,有 $\lambda_1 + \lambda_2 + \lambda_3 = 1 + x + 1$,

且 $\lambda_1\lambda_2\cdots\lambda_n = |A| = \begin{vmatrix} 1 & -1 & 0 \\ 2 & x & 1 \\ 4 & 2 & 1 \end{vmatrix}$,可得 $\begin{cases} \lambda_3 - x + 1 = 0, \\ 2\lambda_3 - x + 4 = 0, \end{cases}$

解得 $x = -2, \lambda_3 = -3$.

例 4.2.3 设 λ 是方阵 A 的特征值,证明

(1) λ^2 是方阵 A^2 的特征值;

(2) 当 A 可逆时,$\dfrac{1}{\lambda}$ 是方阵 A^{-1} 的特征值.

解　因 λ 是方阵 A 的特征值,所以存在非零向量 α,满足 $A\alpha = \lambda\alpha$,于是

(1) $A^2\alpha = A(A\alpha) = A(\lambda\alpha) = \lambda A\alpha = \lambda^2\alpha$,所以 λ^2 是 A^2 的特征值;

(2) 当 A 可逆时,则 $|A| \neq 0$,由性质 4.2.2 知道,$\lambda \neq 0$,再根据 $A\alpha = \lambda\alpha$ 得 $A^{-1}\alpha = \dfrac{1}{\lambda}\alpha$,所以 $\dfrac{1}{\lambda}$ 是 A^{-1} 的特征值.

例 4.2.4 设 3 阶方阵 A 的特征值分别是 $1, -1, 2$,求 $A^* + 3A - 2E$ 的特征值.

解　由于 A 的特征值全不为 0,所以 A 可逆,故 $A^* = |A|A^{-1}$,又由于 $|A| = 1 \times (-1) \times 2 = -2$,所以

$$A^* + 3A - 2E = -2A^{-1} + 3A - 2E$$

记 $\varphi(A) = -2A^{-1} + 3A - 2E$,由于 A 的特征值是 $1, -1, 2$,根据例 4.2.3 知 $\varphi(A)$ 的特征值分别为 $-1, -3, 3$.

4.3　相似矩阵与对角化

4.3.1　相似矩阵的概念

定义 4.3.1　对于两个 n 阶方阵 A, B,若存在 n 阶可逆方阵 P 满足 $P^{-1}AP = B$,则称 A 相似于 B,记作 $A \sim B$.

相似也是矩阵之间的一种等价关系,这种关系也具有如下的三条性质:

设 A, B, C 是三个 n 阶方阵,则有

(1) **反身性**:$A \sim A$;

(2) **对称性**:若 $A \sim B$,则 $B \sim A$;

(3) **传递性**:若 $A \sim B, B \sim C$,则 $A \sim C$.

此外相似矩阵还具有如下的一些性质:

> **性质 4.3.1**　设 n 阶方阵 A,B 相似,则有
>
> (1) A 和 B 的秩相等, $r(A) = r(B)$;
>
> (2) A 和 B 的行列式相等, $\det(A) = \det(B)$;
>
> (3) A 和 B 的特征多项式相同,即 $|\lambda E - A| = |\lambda E - B|$,从而 A 和 B 具有相同的特征值,从而 A 和 B 的迹也相等, $tr(A) = tr(B)$.

证明　由于 A 和 B 相似,所以存在可逆矩阵 P 满足 $P^{-1}AP = B$.

(1)由矩阵秩的乘积性质,有

$$r(B) = r(P^{-1}AP) \leqslant r(A),$$

另外 $A = PBP^{-1}$,所以

$$r(A) = r(PBP^{-1}) \leqslant r(B),$$

所以 $r(A) = r(B)$,即 A 和 B 的秩相等.

(2)由于

$$\det(B) = \det(P^{-1}AP) = \det(P^{-1})\det(A)\det(P) = \det(A),$$

也就是 A 和 B 的行列式相等.

(3)由于

$$\det(\lambda E - B) = \det(\lambda E - P^{-1}AP) = \det[P^{-1}(\lambda E - A)P]$$
$$= \det(P^{-1})\det(\lambda E - A)\det(P) = \det(\lambda E - A),$$

所以 A 和 B 的特征多项式相同,且特征值也相等,故迹也相等.

例 4.3.1　设矩阵 $A = \begin{pmatrix} 1 & -2 & -4 \\ -2 & x & -2 \\ -4 & -2 & 1 \end{pmatrix}$ 与 $B = \begin{pmatrix} 5 & & \\ & y & \\ & & -4 \end{pmatrix}$ 相

似,求 x,y.

解　由于 A 和 B 相似,故 $\det(A) = \det(B)$,得方程

$$3x - 4y + 8 = 0.$$

此外 $tr(A) = tr(B)$,得另一个方程

$$2 + x = y + 1,$$

解得

$$x = 4, y = 5.$$

4.3.2　相似矩阵可对角化条件

既然相似矩阵具有这么多性质,而形式上最简单的矩阵是对角矩阵,所以本部分要研究的主要问题是:对于 n 阶方阵 A,寻找可逆矩阵 P,使得 $P^{-1}AP$ 为对角矩阵.若一个方阵 A 能够相似于一个对角矩阵,则称方阵 A **可对角化**.

定义 4.3.2　若 n 阶方阵 A 能够与一对角矩阵相似,则称矩阵 A **可对角化**.

以下我们将寻找一个方阵可对角化的条件.

定理 4.3.1　n 阶方阵 A 与对角矩阵

$$\Lambda = \begin{bmatrix} \lambda_1 & & & \\ & \lambda_2 & & \\ & & \ddots & \\ & & & \lambda_n \end{bmatrix}$$

相似的充要条件是矩阵 A 有 n 个线性无关的特征向量.

证明　必要性.如果矩阵 A 相似于 Λ,则存在可逆矩阵 P 满足 $P^{-1}AP = \Lambda$,设 $P = (\alpha_1, \alpha_2, \cdots, \alpha_n)$,则由 $AP = P\Lambda$ 有

$$A(\alpha_1, \alpha_2, \cdots, \alpha_n) = (\alpha_1, \alpha_2, \cdots, \alpha_n) \begin{bmatrix} \lambda_1 & & & \\ & \lambda_2 & & \\ & & \ddots & \\ & & & \lambda_n \end{bmatrix}$$

可得

$$A\alpha_i = \lambda_i \alpha_i (i = 1, 2, \cdots, n)$$

由于矩阵 P 可逆,所以 $\alpha_i, (i = 1, 2, \cdots, n)$ 均是非零的向量,且 $\alpha_1, \alpha_2, \cdots, \alpha_n$ 线性无关,所以 $\alpha_1, \alpha_2, \cdots, \alpha_n$ 是矩阵 A 的 n 个线性无关的特征向量.

再证充分性.设 $\alpha_1, \alpha_2, \cdots, \alpha_n$ 是矩阵 A 的 n 个线性无关的特征向量,记它们所对应的特征值为 $\lambda_1, \lambda_2, \cdots, \lambda_n$,则有

$$A\alpha_i = \lambda_i \alpha_i (i = 1, 2, \cdots, n)$$

令 $P = (\alpha_1, \alpha_2, \cdots, \alpha_n)$，由于 $\alpha_1, \alpha_2, \cdots, \alpha_n$ 线性无关，所以 P 是可逆矩阵，并且

$$AP = A(\alpha_1, \alpha_2, \cdots, \alpha_n) = (A\alpha_1, A\alpha_2, \cdots, A\alpha_n)$$

$$= (\lambda_1\alpha_1, \lambda_2\alpha_2, \cdots, \lambda_n\alpha_n)$$

$$= (\alpha_1, \alpha_2, \cdots, \alpha_n) \begin{bmatrix} \lambda_1 & & & \\ & \lambda_2 & & \\ & & \ddots & \\ & & & \lambda_n \end{bmatrix} = P\Lambda,$$

上式的两端左乘 P^{-1} 可得，$P^{-1}AP = \Lambda$，即方阵 A 与对角矩阵 Λ 相似.

根据定理 4.3.1 和性质 4.2.5，立即可得如下的定理.

> **定理 4.3.2** 若 n 阶方阵 A 有 n 个不同的特征值 $\lambda_1, \lambda_2, \cdots, \lambda_n$，则 A 可对角化.
>
> **定理 4.3.3** n 阶方阵 A 可对角化的充要条件是对于 A 的每一个特征值的线性无关的特征向量个数等于该特征值的重数. 即设 λ_i 是矩阵 A 的 n_i 重特征值，对应于 λ_i 的线性无关特征向量也是 n_i 个，即 $r(\lambda_i E - A) = n - n_i (i = 1, 2, \cdots, s)$，这里 $\sum_{i=1}^{s} n_i = n$.

（本定理的证明较繁琐，这里省略）

若矩阵 A 可对角化，可以按照以下的步骤实现：

(1)求出矩阵 A 的所有特征值 $\lambda_1, \lambda_2, \cdots, \lambda_s$；

(2)对每个特征值 λ_i，设其重数为 n_i，求出对应齐次线性方程组

$$(\lambda_i E - A)X = 0$$

的 n_i 个基础解系 $\xi_{i1}, \xi_{i2}, \cdots, \xi_{in_i}$，则 $\xi_{i1}, \xi_{i2}, \cdots, \xi_{in_i}$ 就是对应于特征值 λ_i 的特征向量.

(3)上面求出的特征向量

$$\xi_{11}, \xi_{12}, \cdots, \xi_{1n_1}, \xi_{21}, \xi_{22}, \cdots, \xi_{2n_2}, \cdots, \xi_{s1}, \xi_{s2}, \cdots, \xi_{sn_s}$$

就是矩阵 A 的 n 个线性无关的特征向量.

(4)令 $P = (\xi_{11}, \xi_{12}, \cdots, \xi_{1n_1}, \xi_{21}, \xi_{22}, \cdots, \xi_{2n_2}, \cdots, \xi_{s1}, \xi_{s2}, \cdots, \xi_{sn_s})$，则有

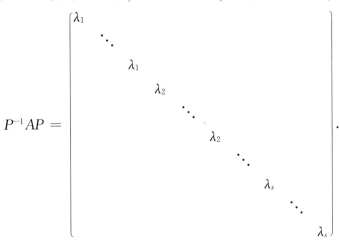

$$P^{-1}AP = \begin{pmatrix} \lambda_1 & & & & & & & & \\ & \ddots & & & & & & & \\ & & \lambda_1 & & & & & & \\ & & & \lambda_2 & & & & & \\ & & & & \ddots & & & & \\ & & & & & \lambda_2 & & & \\ & & & & & & \ddots & & \\ & & & & & & & \lambda_s & \\ & & & & & & & & \ddots \\ & & & & & & & & & \lambda_s \end{pmatrix}.$$

例 4.3.2 设 $A = \begin{pmatrix} 1 & 1 & -1 \\ -2 & 4 & -2 \\ -2 & 2 & 0 \end{pmatrix}$，试问 A 是否可以对角化，并求 A^5.

解　A 的特征多项式为

$$|\lambda E - A| = \begin{vmatrix} \lambda - 1 & -1 & 1 \\ 2 & \lambda - 4 & 2 \\ 2 & -2 & \lambda \end{vmatrix} = (\lambda - 1)(\lambda - 2)^2,$$

所以矩阵 A 的特征值为 $\lambda_1 = 1, \lambda_2 = \lambda_3 = 2$.

对于特征值 $\lambda_1 = 1$，解齐次线性方程组 $(E - A)X = 0$ 得基础解系，

$$\xi_1 = \begin{pmatrix} 1 \\ 2 \\ 2 \end{pmatrix};$$

对于特征值 $\lambda_2 = \lambda_3 = 2$，解齐次方程组 $(2E - A)X = 0$ 得基础解系，

$$\xi_2 = \begin{pmatrix} 1 \\ 1 \\ 0 \end{pmatrix}, \xi_3 = \begin{pmatrix} -1 \\ 0 \\ 1 \end{pmatrix}.$$

从而 3 阶矩阵 A 有 3 个线性无关的特征向量，所以 A 可以对角化，令

$$P = (\xi_1, \xi_2, \xi_3) = \begin{pmatrix} 1 & 1 & -1 \\ 2 & 1 & 0 \\ 2 & 0 & 1 \end{pmatrix}, \Lambda = \begin{pmatrix} 1 & & \\ & 2 & \\ & & 2 \end{pmatrix},$$

则
$$P^{-1}AP = \Lambda,$$

所以
$$P^{-1}A^5P = \Lambda^5 = \begin{pmatrix} 1 & & \\ & 32 & \\ & & 32 \end{pmatrix},$$

由此得
$$A^5 = P\Lambda^5 P^{-1} = \begin{pmatrix} 1 & 1 & -1 \\ 2 & 1 & 0 \\ 2 & 0 & 1 \end{pmatrix} \begin{pmatrix} 1 & & \\ & 32 & \\ & & 32 \end{pmatrix} \begin{pmatrix} 1 & 1 & -1 \\ 2 & 1 & 0 \\ 2 & 0 & 1 \end{pmatrix}^{-1}$$

$$= \begin{pmatrix} 1 & 31 & -31 \\ -62 & 94 & -62 \\ -62 & 62 & -30 \end{pmatrix},$$

这里 $P^{-1} = \begin{pmatrix} 1 & 1 & -1 \\ 2 & 1 & 0 \\ 2 & 0 & 1 \end{pmatrix}^{-1} = \begin{pmatrix} 1 & -1 & 1 \\ -2 & 3 & -2 \\ -2 & 2 & -1 \end{pmatrix}.$

例 4.3.3 已知 3 阶方阵 A 的特征值 $\lambda_1 = 0, \lambda_2 = 1, \lambda_3 = 3$,对应的特征向量为

$$\xi_1 = \begin{pmatrix} 1 \\ 1 \\ 1 \end{pmatrix}, \xi_2 = \begin{pmatrix} 1 \\ 0 \\ -1 \end{pmatrix}, \xi_3 = \begin{pmatrix} 1 \\ -2 \\ 1 \end{pmatrix},$$

求矩阵 A.

解 由于矩阵 A 有 3 个互不相等的特征值,所以它们对应的特征向量线性无关,故矩阵 A 可以对角化,存在可逆矩阵

$$P = \begin{pmatrix} 1 & 1 & 1 \\ 1 & 0 & -2 \\ 1 & -1 & 1 \end{pmatrix},$$

满足

$$P^{-1}AP = \Lambda = \begin{pmatrix} 0 & & \\ & 1 & \\ & & 3 \end{pmatrix},$$

从而

$$A = P\Lambda P^{-1} = \begin{pmatrix} 1 & 1 & 1 \\ 1 & 0 & -2 \\ 1 & -1 & 1 \end{pmatrix} \begin{pmatrix} 0 & 0 & 0 \\ 0 & 1 & 0 \\ 0 & 0 & 3 \end{pmatrix} \begin{pmatrix} \dfrac{1}{3} & \dfrac{1}{3} & \dfrac{1}{3} \\ \dfrac{1}{2} & 0 & -\dfrac{1}{2} \\ \dfrac{1}{6} & -\dfrac{1}{3} & \dfrac{1}{6} \end{pmatrix}$$

$$= \begin{pmatrix} 1 & -1 & 0 \\ -1 & 2 & -1 \\ 0 & -1 & 1 \end{pmatrix},$$

这里 $P^{-1} = \begin{pmatrix} \dfrac{1}{3} & \dfrac{1}{3} & \dfrac{1}{3} \\ \dfrac{1}{2} & 0 & -\dfrac{1}{2} \\ \dfrac{1}{6} & -\dfrac{1}{3} & \dfrac{1}{6} \end{pmatrix}.$

4.3.3　对称矩阵的对角化

本部分主要研究一个特殊矩阵——对称矩阵的对角化问题.

> **定理 4.3.4**　设 A 是 n 阶实对称矩阵,则 A 的特征值全为实数.

证明　设 λ 是矩阵 A 的任一特征值,α 为其对应的非零特征向量,即

$$A\alpha = \lambda\alpha.$$

用 α 的共轭转置向量 $\bar\alpha^T$ 左乘上式的两端得

$$\bar\alpha^T A\alpha = \bar\alpha^T \lambda\alpha = \lambda \bar\alpha^T \alpha = \lambda \parallel \alpha \parallel^2.$$

另外由于 A 是实对称矩阵,所以 $\overline{A}^T = A$,这样有

$$\bar\alpha^T A\alpha = \bar\alpha^T \overline{A}^T \alpha = (\overline{A}\,\bar\alpha)^T \alpha = (\overline{A\alpha})^T \alpha = \bar\lambda \bar\alpha^T \alpha = \bar\lambda \parallel \alpha \parallel^2,$$

两式相减得

$$(\lambda - \bar\lambda) \parallel \alpha \parallel^2 = 0.$$

由于 α 是非零向量,所以 $\|\alpha\|^2 \neq 0$,所以 $\lambda = \bar{\lambda}$,即 λ 是实数.

> **定理 4.3.5** 设 λ_1, λ_2 是实对称矩阵 A 的两个不同的特征值,α_1,α_2 是其对应的非零特征向量,则 α_1, α_2 正交.

证明 根据题意可以知道

$$A\alpha_1 = \lambda_1 \alpha_1, \quad A\alpha_2 = \lambda_2 \alpha_2$$

又由于 A 是对称矩阵,$A = A^T$,所以

$$\lambda_1 \alpha_1^T = (\lambda_1 \alpha_1)^T = (A\alpha_1)^T = \alpha_1^T A^T = \alpha_1^T A$$

于是有

$$\lambda_1 \alpha_1^T \alpha_2 = \alpha_1^T A \alpha_2 = \alpha_1^T \lambda_2 \alpha_2 = \lambda_2 \alpha_1^T \alpha_2$$

从而

$$(\lambda_1 - \lambda_2)\alpha_1^T \alpha_2 = 0$$

由于 $\lambda_1 \neq \lambda_2$,所以 $\alpha_1^T \alpha_2 = 0$,即 α_1, α_2 正交.

> **定理 4.3.6** 设 A 是 n 阶实对称矩阵,则存在正交矩阵 Q,使得
> $$Q^{-1}AQ = Q^T AQ = \Lambda$$
> 其中 Λ 是对角矩阵,对角线上的元素是矩阵 A 的 n 个特征值.

(该定理的证明较困难,此处省略)

依据定理 4.3.6,我们归纳出求正交矩阵 Q,化对称矩阵 A 为对角矩阵 Λ 的步骤:

(1)根据特征方程 $|\lambda E - A| = 0$,求出对称矩阵 A 的所有特征值 λ_1,$\lambda_2, \cdots, \lambda_s$,这些特征值的重数分别为 $k_1, k_2, \cdots, k_s$,$\sum\limits_{i=1}^{s} k_i = n$;

(2)对每个 k_i 重特征值 λ_i,求出对应齐次线性方程组

$$(\lambda_i E - A)X = 0,$$

得 k_i 个基础解系 $\xi_{i1}, \xi_{i2}, \cdots, \xi_{ik_i}$;

(3)对 $\xi_{i1}, \xi_{i2}, \cdots, \xi_{ik_i}$ 实施施密特正交化单位化,得一组标准正交基 γ_{i1},$\gamma_{i2}, \cdots, \gamma_{ik_i}$;

(4)令 $Q = (\gamma_{11}, \gamma_{12}, \cdots, \gamma_{1k_1}, \gamma_{21}, \gamma_{22}, \cdots, \gamma_{2k_2}, \cdots, \gamma_{s1}, \gamma_{s2}, \cdots, \gamma_{sk_s})$,则 Q 为正交矩阵,且

$$Q^{-1}AQ = \begin{pmatrix} \lambda_1 & & & & & & & \\ & \ddots & & & & & & \\ & & \lambda_1 & & & & & \\ & & & \lambda_2 & & & & \\ & & & & \ddots & & & \\ & & & & & \lambda_2 & & \\ & & & & & & \lambda_s & \\ & & & & & & & \ddots & \\ & & & & & & & & \lambda_s \end{pmatrix}.$$

例 4.3.4 设对称矩阵 $A = \begin{pmatrix} 1 & 2 & 2 \\ 2 & 1 & 2 \\ 2 & 2 & 1 \end{pmatrix}$，求正交矩阵 Q，使得

$Q^T A Q$ 是对角矩阵.

解 先求矩阵 A 的特征值

$$|\lambda E - A| = \begin{vmatrix} \lambda - 1 & -2 & -2 \\ -2 & \lambda - 1 & -2 \\ -2 & -2 & \lambda - 1 \end{vmatrix} = (\lambda + 1)^2 (\lambda - 5),$$

所以 A 的特征值是 $\lambda_1 = \lambda_2 = -1, \lambda_3 = 5$.

分别求出 $\lambda_1 = \lambda_2 = -1, \lambda_3 = 5$ 所对应的特征向量.

对于 $\lambda_1 = \lambda_2 = -1$，求解齐次线性方程组 $(-E - A)X = 0$，得其基础解系为

$$\xi_1 = \begin{pmatrix} -1 \\ 1 \\ 0 \end{pmatrix}, \xi_2 = \begin{pmatrix} -1 \\ 0 \\ 1 \end{pmatrix}.$$

在对 ξ_1, ξ_2，实施施密特正交化、单位化得

$$\gamma_1 = \begin{pmatrix} -\dfrac{\sqrt{2}}{2} \\ \dfrac{\sqrt{2}}{2} \\ 0 \end{pmatrix}, \gamma_2 = \begin{pmatrix} -\dfrac{\sqrt{6}}{6} \\ -\dfrac{\sqrt{6}}{6} \\ \dfrac{\sqrt{6}}{3} \end{pmatrix}.$$

对于 $\lambda_3 = 5$，求解齐次线性方程组 $(5E - A)X = 0$，得其基础解系为

$$\xi_3 = \begin{bmatrix} 1 \\ 1 \\ 1 \end{bmatrix},$$

在对 ξ_3，实施单位化得

$$\gamma_3 = \begin{bmatrix} \dfrac{\sqrt{3}}{3} \\ \dfrac{\sqrt{3}}{3} \\ \dfrac{\sqrt{3}}{3} \end{bmatrix},$$

令 $Q = \begin{bmatrix} -\dfrac{\sqrt{2}}{2} & -\dfrac{\sqrt{6}}{6} & \dfrac{\sqrt{3}}{3} \\ \dfrac{\sqrt{2}}{2} & -\dfrac{\sqrt{6}}{6} & -\dfrac{\sqrt{3}}{3} \\ 0 & \dfrac{\sqrt{6}}{3} & \dfrac{\sqrt{3}}{3} \end{bmatrix}$，则有

$$Q^T A Q = \begin{bmatrix} -1 & 0 & 0 \\ 0 & -1 & 0 \\ 0 & 0 & 5 \end{bmatrix}.$$

4.4　二次型与标准型

4.4.1　二次型的概念

在实际问题中，当线性关系不能够反映客观现象时，就要考虑非线性关系，其中最简单的做法就是加入二次项，正如在平面解析几何中研究直线以后，接着研究二次曲线一样，本节将研讨二次型.

> **定义 4.4.1**　含有 n 个变量 $x_1, x_2, \cdots, x_n$ 的二次函数
>
> $$f(x_1, x_2, \cdots, x_n) = a_{11}x_1^2 + a_{22}x_2^2 + \cdots + a_{nn}x_n^2 + 2a_{12}x_1x_2 +$$
>
> $$2a_{13}x_1x_3 + \cdots + 2a_{n-1n}x_{n-1}x_n \qquad (4.4.1)$$
>
> 称为 n 元二次型.

当 $j > i$ 时,取 $a_{ji} = a_{ij}$,则 $2a_{ij}x_ix_j = a_{ij}x_ix_j + a_{ji}x_jx_i$,于是式(4.4.1)可以改写为:

$$f(x_1, x_2, \cdots, x_n) = a_{11}x_1^2 + a_{12}x_1x_2 + a_{13}x_1x_3 + \cdots + a_{1n}x_1x_n$$

$$a_{21}x_2x_1 + a_{22}x_2^2 + \cdots + a_{2n}x_2x_n + \cdots +$$

$$a_{n1}x_nx_1 + a_{n2}x_nx_2 + \cdots + a_{nn}x_n^2 \qquad (4.4.2)$$

利用矩阵的乘法,可以将式(4.4.2)改写成

$$f(x_1, x_2, \cdots, x_n) = (x_1, x_2, \cdots, x_n) \begin{pmatrix} a_{11} & a_{12} & \cdots & a_{1n} \\ a_{21} & a_{22} & \cdots & a_{2n} \\ \vdots & \vdots & & \vdots \\ a_{n1} & a_{n2} & \cdots & a_{nn} \end{pmatrix} \begin{pmatrix} x_1 \\ x_2 \\ \vdots \\ x_n \end{pmatrix}$$

$$(4.4.3)$$

若记

$$A = \begin{pmatrix} a_{11} & a_{12} & \cdots & a_{1n} \\ a_{21} & a_{22} & \cdots & a_{2n} \\ \vdots & \vdots & & \vdots \\ a_{n1} & a_{n2} & \cdots & a_{nn} \end{pmatrix}, X = \begin{pmatrix} x_1 \\ x_2 \\ \vdots \\ x_n \end{pmatrix}$$

则 n 元二次型可以用矩阵记作

$$f(x_1, x_2, \cdots, x_n) = X^T A X \qquad (4.4.4)$$

其中 A 是 n 阶对称矩阵.

任给一个 n 元二次型,唯一地确定一个 n 阶对称矩阵;反之每给一个 n 阶对称矩阵,也可唯一地确定一个 n 元二次型.这样二次型与对称矩阵之间存在一一对应关系.因此我们把对称矩阵 A 称为二次型 $f(x_1, x_2, \cdots, x_n)$ 的矩阵,也把二次型 $f(x_1, x_2, \cdots, x_n)$ 叫作对称矩阵 A 的二次型.对称矩阵 A 的秩又称为二次型 $f(x_1, x_2, \cdots, x_n)$ 的**秩**.

例 4.4.1 把二次型

$$f(x_1, x_2, x_3) = 6x_1^2 + 8x_1x_2 + 2x_2^2 - 4x_2x_3 + 10x_1x_3 - x_3^2$$

用矩阵的形式表示.

解　$f(x_1, x_2, x_3) = (x_1, x_2, x_3) \begin{pmatrix} 6 & 4 & 5 \\ 4 & 2 & -2 \\ 5 & -2 & -1 \end{pmatrix} \begin{pmatrix} x_1 \\ x_2 \\ x_4 \end{pmatrix}$,

或者简单用对称矩阵

$$A = \begin{pmatrix} 6 & 4 & 5 \\ 4 & 2 & -2 \\ 5 & -2 & -1 \end{pmatrix}$$

来表示.

定义 4.4.2　若 n 元二次型 $f(x_1, x_2, \cdots, x_n)$ 只含有二次项,即

$$f(x_1, x_2, \cdots, x_n) = a_1x_1^2 + a_2x_2^2 + \cdots + a_nx_n^2, \qquad (4.4.5)$$

则称该二次型 $f(x_1, x_2, \cdots, x_n)$ 为标准形. 易知标准二次型所对应的矩阵是对角矩阵,即

$$A = \begin{pmatrix} a_1 & 0 & \cdots & 0 \\ 0 & a_2 & \cdots & 0 \\ \vdots & \vdots & & \vdots \\ 0 & 0 & \cdots & a_n \end{pmatrix}.$$

进一步的若 $a_1, a_2, \cdots, a_n$ 只在 $1, -1, 0$ 三个数中取值,即式(4.4.5)变为规范形

$$f(x_1, x_2, \cdots, x_n) = x_1^2 + x_2^2 + \cdots x_p^2 - x_{p+1}^2 - \cdots - x_{p+q}^2, \qquad (4.4.6)$$

则称式(4.4.6)为二次型的规范形. p 称为**正惯性指数**, q 称为**负惯性指数**. $p+q$ 为二次型的秩, $|p-q|$ 称为**符号差**.

标准二次型是最简单的一种二次型,以下我们将研讨如何将一个一般的二次型化为标准二次型.

4.4.2 化二次型为标准型

定义 4.4.3 设 $x_1, x_2, \cdots, x_n$; $y_1, y_2, \cdots, y_n$ 是两组变量,在数域 P 中存在关系

$$\begin{cases} x_1 = c_{11}y_1 + c_{12}y_2 + \cdots + c_{1n}y_n, \\ x_2 = c_{21}y_1 + c_{22}y_2 + \cdots + c_{2n}y_n, \\ \qquad \cdots\cdots\cdots\cdots \\ x_n = c_{n1}y_1 + c_{n2}y_2 + \cdots + c_{nn}y_n, \end{cases} \tag{4.4.7}$$

称为由变量 $x_1, x_2, \cdots, x_n$ 到变量 $y_1, y_2, \cdots, y_n$ 的一个**线性替换**,或简称**线性替换**.记

$$C = \begin{pmatrix} c_{11} & c_{12} & \cdots & c_{1n} \\ c_{21} & c_{22} & \cdots & c_{2n} \\ \vdots & \vdots & & \vdots \\ c_{n1} & c_{n2} & \cdots & c_{nn} \end{pmatrix}. \tag{4.4.8}$$

矩阵 C 称为线性替换(4.4.7)的矩阵,从而(4.4.7)的矩阵形式为

$$\begin{pmatrix} x_1 \\ x_2 \\ \vdots \\ x_n \end{pmatrix} = C \begin{pmatrix} y_1 \\ y_2 \\ \vdots \\ y_n \end{pmatrix}, \ X = CY, \tag{4.4.9}$$

如果 $|C| \neq 0$,则称式(4.4.9)为**可逆线性替换**或者**非退化线性替换**,若 C 是正交矩阵,则称式(4.4.9)为**正交线性替换**.

将 $X = CY$ 代入式(4.4.4)可得

$$f(x_1, x_2, \cdots, x_n) = X^T A X = (CY)^T A (CY) = Y^T (C^T A C) Y = Y^T B Y, \tag{4.4.10}$$

其中 $B = C^T A C$,由于 A 是对称矩阵,所以 B 也是对称矩阵.当 C 可逆时,有 $r(A) = r(B)$,这说明经过可逆的线性替换二次型还是二次型,且它们的秩保持不变.

> **定义 4.4.4** 设 A, B 是数域 P 上两个 n 阶方阵,若存在可逆矩阵 C,满足 $B = C^T A C$,则称矩阵 A 与矩阵 B **合同**.记作 $A \simeq B$.

合同也是矩阵之间的一种等价关系,这种关系具有如下的三条性质:

设 A, B, C 是三个 n 阶方阵,则有

(1)**反身性** $A \simeq A$;

(2)**对称性** 若 $A \simeq B$,则 $B \simeq A$;

(3)**传递性** 若 $A \simeq B$,$B \simeq C$,则 $A \simeq C$.

根据定理 4.3.6 知,对任何一个 n 阶对称方阵 A,均存在正交矩阵 Q,使得 $Q^T A Q = \Lambda$,其中 Λ 为对角矩阵.将这个结论应用于二次型,即有

> **定理 4.4.1** 任意的 n 元二次型 $f(x_1, x_2, \cdots, x_n) = X^T A X$,总存在正交替换 $X = QY$,把 $f(x_1, x_2, \cdots, x_n)$ 化为标准形
>
> $$f(x_1, x_2, \cdots, x_n) = \lambda_1 x_1^2 + \lambda_2 x_2^2 + \cdots + \lambda_n x_n^2,$$
>
> 其中 $\lambda_1, \lambda_2, \lambda_n$ 是对称矩阵 $A = \begin{pmatrix} a_{11} & a_{12} & \cdots & a_{1n} \\ a_{21} & a_{22} & \cdots & a_{2n} \\ \vdots & \vdots & & \vdots \\ a_{n1} & a_{n2} & \cdots & a_{nn} \end{pmatrix}$ 的特征值.

例 4.4.2 求一个正交变换 $X = QY$,把二次型

$$f(x_1, x_2, x_3, x_4) = 2x_1 x_2 + 2x_1 x_3 - 2x_1 x_4 - 2x_2 x_3 + 2x_2 x_4 + 2x_3 x_4$$

化为标准形.

解 二次型 $f(x_1, x_2, x_3, x_4)$ 所对的矩阵 A 为

$$A = \begin{pmatrix} 0 & 1 & 1 & -1 \\ 1 & 0 & -1 & 1 \\ 1 & -1 & 0 & 1 \\ -1 & 1 & 1 & 0 \end{pmatrix},$$

A 的特征多项式

$$|\lambda E - A| = \begin{vmatrix} \lambda & -1 & -1 & 1 \\ -1 & \lambda & 1 & -1 \\ -1 & 1 & \lambda & -1 \\ 1 & -1 & -1 & \lambda \end{vmatrix} = (\lambda - 1)^3(\lambda + 3),$$

于是 A 的特征值是 $\lambda_1 = \lambda_2 = \lambda_3 = 1, \lambda_4 = -3$.

　　对于特征值 $\lambda_1 = \lambda_2 = \lambda_3 = 1$，解齐次线性方程组 $(E - A)X = 0$，得基础解系

$$\alpha_1 = \begin{pmatrix} 1 \\ 1 \\ 0 \\ 0 \end{pmatrix}, \alpha_2 = \begin{pmatrix} 1 \\ 0 \\ 1 \\ 0 \end{pmatrix}, \alpha_3 = \begin{pmatrix} -1 \\ 0 \\ 0 \\ 1 \end{pmatrix},$$

对 $\alpha_1, \alpha_2, \alpha_3$ 实施施密特正交化、单位化得

$$\gamma_1 = \begin{pmatrix} \dfrac{\sqrt{2}}{2} \\ \dfrac{\sqrt{2}}{2} \\ 0 \\ 0 \end{pmatrix}, \gamma_2 = \begin{pmatrix} \dfrac{\sqrt{6}}{6} \\ -\dfrac{\sqrt{6}}{6} \\ \dfrac{\sqrt{6}}{3} \\ 0 \end{pmatrix}, \gamma_3 = \begin{pmatrix} -\dfrac{\sqrt{3}}{6} \\ \dfrac{\sqrt{3}}{6} \\ \dfrac{\sqrt{3}}{6} \\ \dfrac{\sqrt{3}}{2} \end{pmatrix},$$

对于特征值 $\lambda_4 = -3$，解齐次线性方程组 $(-3E - A)X = 0$，得基础解系

$$\alpha_4 = \begin{pmatrix} 1 \\ -1 \\ -1 \\ 1 \end{pmatrix},$$

对 α_4 单位化得

$$\gamma_4 = \begin{pmatrix} \dfrac{1}{2} \\ -\dfrac{1}{2} \\ -\dfrac{1}{2} \\ \dfrac{1}{2} \end{pmatrix},$$

令

$$Q = \begin{pmatrix} \dfrac{\sqrt{2}}{2} & \dfrac{\sqrt{6}}{6} & -\dfrac{\sqrt{3}}{6} & \dfrac{1}{2} \\[2ex] \dfrac{\sqrt{2}}{2} & -\dfrac{\sqrt{6}}{6} & \dfrac{\sqrt{3}}{6} & -\dfrac{1}{2} \\[2ex] 0 & \dfrac{\sqrt{6}}{3} & \dfrac{\sqrt{3}}{6} & -\dfrac{1}{2} \\[2ex] 0 & 0 & \dfrac{\sqrt{3}}{2} & \dfrac{1}{2} \end{pmatrix},$$

则 Q 是正交矩阵,并且

$$Q^T A Q = \begin{pmatrix} 1 & 0 & 0 & 0 \\ 0 & 1 & 0 & 0 \\ 0 & 0 & 1 & 0 \\ 0 & 0 & 0 & -3 \end{pmatrix},$$

于是,令 $X = QY$, 得

$$f(x_1, x_2, x_3, x_4) = y_1^2 + y_2^2 + y_3^2 - 3y_4^2.$$

 4.4.3 用配方法化二次型为标准形

$$f(x_1, x_2, x_3) = 2x_1^2 + 5x_2^2 + 5x_3^2 + 4x_1 x_2 - 4x_1 x_3 - 8x_2 x_3.$$

解 现将含有 x_1 的配成一个含 x_1 的一次式的完全平方

$$f(x_1, x_2, x_3) = 2\left[x_1^2 + 2x_1(x_2 - x_3) + (x_2 - x_3)^2\right]$$
$$\qquad - 2(x_2 - x_3)^2 + 5x_2^2 + 5x_3^2 - 8x_2 x_3$$
$$= 2(x_1 + x_2 - x_3)^2 + 3x_2^2 + 3x_3^2 - 4x_2 x_3,$$

再将含有 x_2 的配成一个含 x_2 的一次式的完全平方

$$f(x_1, x_2, x_3) = 2(x_1 + x_2 - x_3)^2 + 3x_2^2 + 3x_3^2 - 4x_2 x_3$$
$$= 2(x_1 + x_2 - x_3)^2 + 3\left[x_2^2 - \frac{4}{3}x_2 x_3 + \left(\frac{2}{3}x_3\right)^2\right] + \frac{5}{3}x_3^2$$
$$= 2(x_1 + x_2 - x_3)^2 + 3\left(x_2 - \frac{2}{3}x_3\right)^2 + \frac{5}{3}x_3^2,$$

令 $y_1 = x_1 + x_2 - x_3, y_2 = x_2 - \dfrac{2}{3}x_3, y_3 = x_3$, 即得

$$f(x_1, x_2, x_3) = 2y_1^2 + 3y_2^2 + \frac{5}{3}y_3^2,$$

对应的可逆线性替换为

$$\begin{cases} x_1 = y_1 - y_2 + \dfrac{1}{3}y_3, \\[2mm] x_2 = y_2 + \dfrac{2}{3}y_3, \\[2mm] x_3 = y_3, \end{cases}$$

若用矩阵来表示,即二次型矩阵为

$$A = \begin{pmatrix} 2 & 2 & -2 \\ 2 & 5 & -4 \\ -2 & -4 & 5 \end{pmatrix},$$

对应的替换矩阵为

$$C = \begin{pmatrix} 1 & -1 & \dfrac{1}{3} \\[2mm] 0 & 1 & \dfrac{2}{3} \\[2mm] 0 & 0 & 1 \end{pmatrix},$$

这样可逆线性替换可用矩阵表示为

$$X = CY = \begin{pmatrix} 1 & -1 & \dfrac{1}{3} \\[2mm] 0 & 1 & \dfrac{2}{3} \\[2mm] 0 & 0 & 1 \end{pmatrix} Y,$$

对应的标准形矩阵为

$$C^T A C = \begin{pmatrix} 2 & 0 & 0 \\ 0 & 3 & 0 \\ 0 & 0 & \dfrac{5}{3} \end{pmatrix}.$$

4.5 正定二次型

本节将研究一种特殊的二次型——正定二次型,正定二次型在研究数学的其他分支以及物理学、力学等领域中是很有用的.

4.5.1 正定二次型的概念

> **定义 4.5.1** 设 n 元实二次型 $f(x_1, x_2, \cdots, x_n) = X^T A X$,其中 $A = A^T$,若对任意的一组不全为零的数 $c_1, c_2, \cdots, c_n$,均有 $f(c_1, c_2, \cdots, c_n) > 0$,则称二次型 $f(x_1, x_2, \cdots, x_n)$ 为**正定二次型**,对应的矩阵 A 称为**正定矩阵**.

若对任意的一组不全为零的数 $c_1, c_2, \cdots, c_n$,均有 $f(c_1, c_2, \cdots, c_n) < 0$,则称二次型 $f(x_1, x_2, \cdots, x_n)$ 为**负定二次型**,对应的矩阵 A 称为**负定矩阵**.

若对任意的一组不全为零的数 $c_1, c_2, \cdots, c_n$,均有 $f(c_1, c_2, \cdots, c_n) \geqslant 0$,则称二次型 $f(x_1, x_2, \cdots, x_n)$ 为**半正定二次型**,对应的矩阵 A 称为**半正定矩阵**.

若对任意的一组不全为零的数 $c_1, c_2, \cdots, c_n$,均有 $f(c_1, c_2, \cdots, c_n) \leqslant 0$,则称二次型 $f(x_1, x_2, \cdots, x_n)$ 为**半负定二次型**,对应的矩阵 A 称为**半负定矩阵**.

若对任意的一组不全为零的数 $c_1, c_2, \cdots, c_n$,均有 $f(c_1, c_2, \cdots, c_n)$ 可正可负,则称二次型 $f(x_1, x_2, \cdots, x_n)$ 为**不定二次型**,对应的矩阵 A 称为**不定矩阵**.

例 4.5.1 判断下列二次型的正定性:

(1) $f(x_1, x_2, x_3) = x_1^2 + 2x_2^2 + 2x_2 x_3 + x_3^2$;

(2) $f(x_1, x_2, x_3) = -x_1^2 - 2x_2^2 - x_3^2$;

(3) $f(x_1, x_2, x_3) = -x_1^2 + x_2^2 + 2x_1 x_3 - x_3^2$.

解　(1)由于 $f(x_1,x_2,x_3)=x_1^2+2x_2^2+2x_2x_3+x_3^2=f(x_1,x_2,x_3)=$
$x_1^2+x_2^2+(x_2+x_3)^2$ 对任何非零的 x_1,x_2,x_3 ,上式恒大于零,所以该二次型
是正定二次型.

(2)由于对任意非零的 x_1,x_2,x_3 , $f(x_1,x_2,x_3)=-x_1^2-2x_2^2-x_3^2$ 恒小于
零,所以该二次型是负定的.

(3)由于存在一组非零的数 $1,0,-1$,使得 $f(1,0,-1)=-4<0$;又存在
另一组非零的数 $1,2,1$,使得 $f(1,2,1)=4>0$,所以该二次型为不定二次型.

4.5.2　正定二次型的性质与判定

> **定理 4.5.1**　若矩阵 A,B 均是 n 阶正定矩阵, k,l 是正实数,则
> $kA+lB$ 也是正定矩阵.

证明　由于 A,B 是对称矩阵,从而 $(kA+lB)^T=kA^T+lB^T=kA+lB$,
即 $kA+lB$ 也是对称矩阵. 又因为 A,B 是正定矩阵,则对任意非零的向量
X , 有 $X^TAX>0,X^TBX>0$,故有

$$X^T(kA+lB)X=kX^TAX+lX^TBX>0,$$

所以 $kA+lB$ 也是正定矩阵.

> **定理 4.5.2**　设实二次型 $f(x_1,x_2,\cdots,x_n)=X^TAX$ 为正定二次
> 型,则 A 的主对角线元素 $a_{ii}>0(i=1,2,\cdots,n)$.

证明　由于实二次型 $f(x_1,x_2,\cdots,x_n)=X^TAX$ 是正定二次型,所以对
任意非零向量均有 $X^TAX>0$,不妨设 $X=\begin{pmatrix}0\\\vdots\\0\\1\\0\\\vdots\\0\end{pmatrix}$ (第 i 行), 则

$$f(x_1,x_2,\cdots,x_n)=X^TAX=a_{ii}>0(i=1,2,\cdots,n).$$

定理 4.5.3   对角矩阵是正定矩阵 $A = \begin{pmatrix} d_1 & & & \\ & d_2 & & \\ & & \ddots & \\ & & & d_n \end{pmatrix}$ 的充

要条件是：$d_i > 0 (i = 1, 2, \cdots, n)$.

定理 4.5.4   若矩阵 A 与 B 合同，且是正定矩阵，则 B 也是正定

矩阵.

证明   由于 A 与 B 合同，所以存在非奇异矩阵 C，满足 $B = C^T A C$. 对任意非零向量 $Y \neq 0$，令 $X = CY$，由于 C 非奇异，所以 $X \neq 0$，这样

$$Y^T B Y = Y^T C^T A C Y = (CY)^T A (CY) = X^T A X > 0$$

所以 B 也是正定矩阵.

上述性质可以推广为更一般的情形.

定理 4.5.5   非退化线性替换不改变二次型的正定性.

定理 4.5.6 n 元实二次型 $f(x_1, x_2, \cdots, x_n) = X^T A X$ 是正定二次型的充要条件是其正惯性指数为变量数 n.

证明   设实二次型 $f(x_1, x_2, \cdots, x_n)$ 经过非退化线性替换 $X = CY$，得其标准形

$$d_1 y_1 + d_2 y_2 + \cdots + d_n y_n \tag{4.5.1}$$

由定理 4.5.4 知式(4.5.1)仍是正定二次型，再由定理 4.5.3 知 $d_i > 0 (i = 1, 2, \cdots, n)$. 所以二次型 $f(x_1, x_2, \cdots, x_n)$ 的正惯性指数为 n. 反之显然成立.

推论 4.5.1   正定二次型 $f(x_1, x_2, \cdots, x_n)$ 的规范形为 $y_1 + y_2 + \cdots + y_n$.

推论 4.5.2   实对称正定矩阵 A 合同于同阶的单位矩阵 E，即存在同阶非奇异矩阵 C，满足 $A = C^T E C = C^T C$.

推论 4.5.3   若 A 是实对称正定矩阵，则 $|A| > 0$.

定理 4.5.7 n 阶实对称矩阵 A 是正定矩阵的充要条件是 A 的特征值全大于零.

证明　由于 A 是对称正定矩阵, 所以存在正交矩阵 Q, 满足

$$Q^T A Q = \begin{pmatrix} \lambda_1 & & & \\ & \lambda_2 & & \\ & & \ddots & \\ & & & \lambda_n \end{pmatrix} = \Lambda,$$

其中 $\lambda_1, \lambda_2, \cdots, \lambda_n$ 为矩阵 A 的特征值, 根据定理 4.5.3 知 $\lambda_1, \lambda_2, \cdots, \lambda_n$ 全大于零, 反之当 $\lambda_1, \lambda_2, \cdots, \lambda_n$ 全大于零时 Λ 是正定矩阵, 所以 A 也是正定矩阵.

定理 4.5.8　设 A 是实对称正定矩阵, 则 A^T, A^{-1} 与 A^* 均是正定矩阵.

定义 4.5.2　在 n 阶方阵 $A = (a_{ij})$ 中, 取第 $i_1, i_2, \cdots, i_k$ 行及第 $j_1, j_2, \cdots, j_k$ 列 (即行标和列标相同) 所得到的 k 阶子式 ($k \leqslant n$) 称为矩阵 A 的 k 阶主子式; 进一步取第 $1, 2, \cdots, k$ 行及第 $1, 2, \cdots, k$ 列, 所得到的 k 阶子式 ($k \leqslant n$) 称为矩阵 A 的 k 阶顺序主子式.

$$\begin{vmatrix} a_{i_1 i_1} & a_{i_1 i_2} & \cdots & a_{i_1 i_k} \\ a_{i_2 i_1} & a_{i_2 i_2} & \cdots & a_{i_2 i_k} \\ \vdots & \vdots & & \vdots \\ a_{i_k i_1} & a_{i_k i_2} & \cdots & a_{i_k i_k} \end{vmatrix} \quad (1 \leqslant i_1 \leqslant i_2 \leqslant \cdots \leqslant i_k \leqslant n); \qquad \begin{vmatrix} a_{11} & a_{12} & \cdots & a_{1k} \\ a_{21} & a_{22} & \cdots & a_{2k} \\ \vdots & \vdots & & \vdots \\ a_{k1} & a_{k2} & \cdots & a_{kk} \end{vmatrix}$$

k 阶主子式　　　　　　　　　　　　　　　　k 阶顺序主子式

定理 4.5.9　n 元实二次型 $f(x_1, x_2, \cdots, x_n) = X^T A X$ 是正定二次型的充要条件是矩阵 A 的所有顺序主子式全大于零.

本定理证明较繁琐, 这里省略.

例 4.5.2　判断二次型 $f(x_1, x_2, x_3) = 3x_1^2 + 4x_2^2 + 5x_3^2 + 6x_1x_2 + 6x_1x_3 + 6x_2x_3$ 是否是正定二次型性?

解　该二次型对应的是对称矩阵

$$A = \begin{bmatrix} 3 & 3 & 3 \\ 3 & 4 & 3 \\ 3 & 3 & 5 \end{bmatrix},$$

矩阵 A 的各阶顺序主子式分别为

$$|A_1| = 3 > 0, |A_2| = \begin{vmatrix} 3 & 3 \\ 3 & 4 \end{vmatrix} = 3 > 0, |A_3| = \begin{vmatrix} 3 & 3 & 3 \\ 3 & 4 & 3 \\ 3 & 3 & 5 \end{vmatrix} = 6 > 0,$$

所以 $f(x_1, x_2, x_3)$ 是正定二次型.

例 4.5.3　若二次型

$$f(x_1, x_2, x_3) = x_1^2 + x_2^2 + 5x_3^2 + 2tx_1x_2 - 2x_1x_3 + 4x_2x_3$$

是正定二次型,试确定 t 的范围.

解　该二次型对应的是对称矩阵为

$$A = \begin{bmatrix} 1 & t & -1 \\ t & 1 & 2 \\ -1 & 2 & 5 \end{bmatrix},$$

要使 $f(x_1, x_2, x_3)$ 正定,只要矩阵 A 的各阶顺序主子式均大于零

$$|A_1| = 1 > 0, |A_2| = \begin{vmatrix} 1 & t \\ t & 1 \end{vmatrix} = 1 - t^2 > 0,$$

$$|A_3| = \begin{vmatrix} 1 & t & -1 \\ t & 1 & 2 \\ -1 & 2 & 5 \end{vmatrix} = -5t^2 - 4t > 0,$$

综合可得,t 满足的范围是 $-\dfrac{4}{5} < t < 0$.

相关阅读

矩阵特征值和特征向量的应用

设某城市共有 30 万人从事农、工、商工作,假定这个总人数在若干年内保持不变,而社会调查表明:

(1)在这 30 万就业人员中,目前约有 15 万人从事农业,9 万人从事工业,6 万人经商;

(2)在从农人员中,每年约有 20％ 改为从工,10％ 改为经商;

(3)在从工人员中,每年约有 20％ 改为从农,10％ 改为经商;

(4)在从商人员中,每年约有 10％ 改为从农,10％ 改为从工.

现预测一、二年后从事各业人员的人数,以及经过多年之后,从事各业人员总数之发展趋势.

解:若用 3 维向量 X_i 表示第 i 年后从事这三种职业的人员总数,则已知

$$X_0 = \begin{bmatrix} 15 \\ 9 \\ 6 \end{bmatrix},$$ 而欲求 X_1, X_2 并考察在 $n \to \infty$ 时 X_n 的发展趋势,引进 3

阶矩阵 $A = (a_{ij})$ 用以刻画从事这三种职业人员间的转移,例如:$a_{ij} = 0.1$ 表明

每年有 10％ 的从工人员改去经商. 于是有 $A = \begin{bmatrix} 0.7 & 0.2 & 0.1 \\ 0.2 & 0.7 & 0.1 \\ 0.1 & 0.1 & 0.8 \end{bmatrix}$,由矩阵乘法

得

$$X_1 = A^T X_0 = A X_0 = \begin{bmatrix} 12.9 \\ 19.9 \\ 7.2 \end{bmatrix}, X_2 = A X_1 = A^2 X_0 = \begin{bmatrix} 11.73 \\ 10.23 \\ 8.04 \end{bmatrix},$$

所以 $X_n = A X_{n-1} = A^n X_0$.

要分析 X_n 就要计算 A 的 n 次幂 A^n,可先将 A 对角化,

即 $|A - \lambda E| = \begin{vmatrix} 0.7 - \lambda & 0.2 & 0.1 \\ 0.2 & 0.7 - \lambda & 0.1 \\ 0.1 & 0.1 & 0.8 - \lambda \end{vmatrix} = (1 - \lambda)(0.7 - \lambda)(0.5 - \lambda),$

特征值为 $\lambda_1 = 1, \lambda_2 = 0.7, \lambda_3 = 0.5$.

分别求出对应的特征向量 $\alpha_1, \alpha_2, \alpha_3$,并令 $Q = (\alpha_1, \alpha_2, \alpha_3)$,则有 $A = QBQ^{-1}$

从而有 $A^n = QB^nQ^{-1}$,再由 $X_n = A^nX_0$, $B = \begin{bmatrix} 1 & & \\ & 0.7 & \\ & & 0.5 \end{bmatrix}$,

$$B^n = \begin{bmatrix} 1 & & \\ & 0.7^n & \\ & & 0.5^n \end{bmatrix}$$ 可知 $n \to \infty$ 时 B^n 将趋于 $\begin{bmatrix} 1 & & \\ & 0 & \\ & & 0 \end{bmatrix}$,故知 A^n 将趋

于 $Q \begin{bmatrix} 1 & & \\ & 0 & \\ & & 0 \end{bmatrix} Q^{-1}$,因而 X_n 将趋于一确定常量 X^* ,因而 X_{n-1} 亦必趋于

X^* ,由 $X_n = AX_{n-1}$ 知 X^* 必满足 $AX^* = X^*$,故 X^* 是矩阵 A 属于特征值 λ_1

$= 1$ 的特征向量, $X^* = t \begin{pmatrix} 1 \\ 1 \\ 1 \end{pmatrix} = \begin{pmatrix} t \\ t \\ t \end{pmatrix}$,从而 $t+t+t=3t=30$,得 $t=10$,照

此规律转移,多年之后,从事这三种职业的人数将趋于相等,均为 10 万人.

复习题 4

1. 设 $\alpha = \begin{bmatrix} -1 \\ 2 \\ 1 \\ 1 \end{bmatrix}, \beta = \begin{bmatrix} 3 \\ 1 \\ -1 \\ 2 \end{bmatrix}$,求 $(3\alpha, \alpha - \beta)$ 以及 $\alpha + \beta, \alpha - \beta$ 的夹角 θ .

2. 设向量 $\alpha = \begin{bmatrix} 1 \\ 0 \\ -2 \end{bmatrix}, \beta = \begin{bmatrix} -4 \\ 2 \\ 3 \end{bmatrix}$,向量 γ 与向量 α 正交,且 $\beta = \lambda\alpha + \gamma$,求 λ 和 γ .

3. 把向量组

$$\alpha_1 = \begin{pmatrix} 1 \\ 1 \\ 1 \end{pmatrix}, \alpha_2 = \begin{pmatrix} 1 \\ 1 \\ -1 \end{pmatrix}, \alpha_3 = \begin{pmatrix} 1 \\ -1 \\ -1 \end{pmatrix}$$

标准正交化.

4. 设向量 α 是 n 维列向量,满足 $\alpha^T\alpha = 1$,令 $H = E_n - 2\alpha\alpha^T$,证明 H 是对称的正交矩阵.

5. 求下列矩阵的特征值和特征向量.

$(1) \begin{bmatrix} 3 & 2 & 4 \\ 2 & 0 & 2 \\ 4 & 2 & 3 \end{bmatrix}$; $\qquad (2) \begin{bmatrix} 2 & 2 & -2 \\ 2 & 5 & -4 \\ -2 & -4 & 5 \end{bmatrix}$;

(3) $\begin{bmatrix} 3 & 7 & -3 \\ -2 & -5 & 2 \\ -4 & -10 & 3 \end{bmatrix}$; (4) $\begin{bmatrix} 3 & 1 & 0 \\ -4 & -1 & 0 \\ 4 & -8 & -2 \end{bmatrix}$.

6. 若 n 阶方阵 A 满足 $A^2 = A$，则称 A 为幂等矩阵，证明幂等矩阵的特征值是 0 或 1.

7. 若 n 阶方阵 A 满足 $A^2 = E$，证明 A 的特征值是 1 或 -1.

8. 正交矩阵 A 如果有特征值，则它的特征值是 1 或 -1.

9. 设 3 阶方阵 A 的特征值 $1, -1, 3$，求
   (1) $(|A|A)^{-1}$ 的特征值；(2) $A^3 - 2A$ 的特征值；(3) $A^* + 2A - E$ 的特征值.

10. 设矩阵 $A = \begin{bmatrix} 2 & -1 & 3 \\ -1 & x & 4 \\ 3 & 4 & 4 \end{bmatrix}$ 与 $B = \begin{bmatrix} 1 & 2 & -1 \\ 2 & y & 0 \\ -1 & 0 & -4 \end{bmatrix}$ 相似，求 x, y.

11. 若 A_1 与 B_1 相似，A_2 与 B_2 相似，则 $\begin{pmatrix} A_1 & \\ & A_2 \end{pmatrix}$ 与 $\begin{pmatrix} B_1 & \\ & B_2 \end{pmatrix}$ 相似.

12. 若 A 可逆，则 AB 与 BA 相似.

13. 设 $A = \begin{bmatrix} 1 & -1 & 1 \\ 2 & 4 & -2 \\ -3 & -3 & 5 \end{bmatrix}$，试问 A 是否可以对角化，并求 A^6.

14. 求正交矩阵 Q，使得 $Q^T A Q$ 是对角矩阵：

(1) $\begin{bmatrix} 1 & 2 & 4 \\ 2 & -2 & 2 \\ 4 & 2 & 1 \end{bmatrix}$; (2) $\begin{bmatrix} 4 & 2 & 2 \\ 2 & 4 & 2 \\ 2 & 2 & 4 \end{bmatrix}$;

(3) $\begin{bmatrix} 7 & -3 & -1 & 1 \\ -3 & 7 & 1 & -1 \\ -1 & 1 & 7 & -3 \\ 1 & -1 & -3 & 7 \end{bmatrix}$; (4) $\begin{bmatrix} 4 & 1 & 0 & -1 \\ 1 & 4 & -1 & 0 \\ 0 & -1 & 4 & 1 \\ -1 & 0 & 1 & 4 \end{bmatrix}$.

15. 设 A 与 B 是同阶对称矩阵，且具有相同的特征多项式，则 A 与 B 相似.

16. 写出下列二次型所对应的矩阵：
   (1) $f(x_1, x_2, x_3) = 5x_1^2 + 3x_2^2 - 2x_3^2 + 4x_1 x_2 - x_1 x_3 + 6x_2 x_3$;
   (2) $f(x_1, x_2, x_3, x_4) = x_1 x_2 + x_1 x_3 - x_2 x_3 - x_3 x_4$;
   (3) $f(x_1, x_2, x_3, x_4) = 3x_1^2 + 4x_1 x_2 - 2x_1 x_3 + 6x_1 x_4 + x_2^2 - 2x_2 x_3 + 4x_3 x_4 - x_3^2$.

17. 用配方法把下列二次型化为标准形：
   (1) $f(x_1, x_2, x_3) = x_1^2 + 2x_2^2 + 2x_1 x_2 - 2x_1 x_3$;
   (2) $f(x_1, x_2, x_3, x_4) = x_1^2 + 2x_1 x_2 - x_3^2 - 2x_3 x_4$;
   (3) $f(x_1, x_2, x_3, x_4) = x_1^2 + x_2^2 + x_3^2 + x_4^2 - 2x_1 x_2 + 4x_1 x_3 - 2x_1 x_4 + 6x_2 x_3 - 4x_2 x_4 - 4x_3 x_4$.

18. 用正交变换法把下列二次型化为标准形：

(1) $f(x_1,x_2,x_3) = 2x_1^2 + 5x_2^2 + 5x_3^2 + 4x_1x_2 - 4x_1x_3 - 8x_2x_3$；

(2) $f(x_1,x_2,x_3,x_4) = 2x_1x_2 - 2x_3x_4$；

(3) $f(x_1,x_2,x_3,x_4) = x_1^2 + x_2^2 + x_3^2 + x_4^2 + 4x_1x_2 + 4x_1x_3 + 4x_1x_4 - 4x_2x_3 - 4x_2x_4 - 4x_3x_4$．

19. 判断下列二次型是否为正定二次型：

(1) $f(x_1,x_2,x_3) = 3x_1^2 + 4x_2^2 + 5x_3^2 + 4x_1x_2 - 4x_2x_3$；

(2) $f(x_1,x_2,x_3) = x_1^2 + 2x_2^2 - 3x_3^2 + 4x_1x_2 + 2x_2x_3$；

(3) $f(x_1,x_2,x_3) = 99x_1^2 - 12x_1x_2 + 48x_1x_3 + 130x_2^2 - 60x_2x_3 + 71x_3^2$；

(4) $f(x_1,x_2,x_3,x_4) = x_1^2 + x_2^2 + 4x_3^2 + 7x_4^2 + 6x_1x_3 + 4x_1x_4 - 4x_2x_3 + 2x_2x_4 + 4x_3x_4$．

20. t 满足什么条件时，下列二次型正定：

(1) $f(x_1,x_2,x_3) = x_1^2 + x_2^2 + 5x_3^2 + 2tx_1x_2 - 2x_1x_3 + 4x_2x_3$；

(2) $f(x_1,x_2,x_3) = x_1^2 + 4x_2^2 + 2x_3^2 + 2tx_1x_2 + 2x_1x_3$．

21. 若 A 与 B 均是 n 阶正定矩阵，则 $A + B$ 也是正定矩阵．

22. 若 A 是任一 n 阶可逆矩阵，则 A^TA 是 n 阶正定矩阵．

扫一扫，获取参考答案

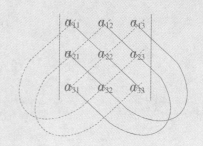

参考文献

［1］同济大学数学系.工程数学——线性代数(第六版)［M］.北京:高等教育出版社,2014.

［2］陈建龙,周建华,韩瑞珠,周后型.线性代数(第二版)［M］.北京:科学出版社,2016.

［3］吴坚,程向阳.线性代数［M］.北京:高等教育出版社,2015.

［4］北京大学数学系.高等代数(第四版)［M］.北京:高等教育出版社,2013.